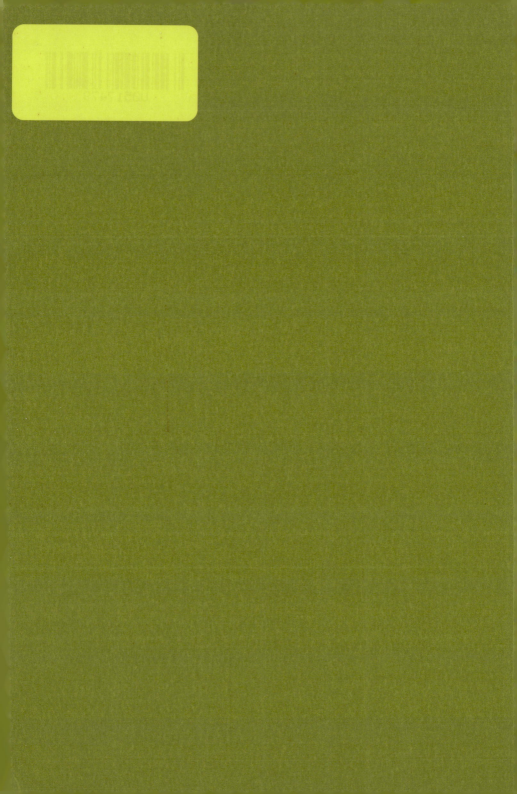

The Instant Millionaire

遇见
未来有钱的自己

[英]马克·费舍尔 Mark Fisher /著

陈小白 /译

华夏出版社
HUAXIA PUBLISHING HOUSE

目录 contents

序　001

第 1 章　拜访百万富翁叔叔　001

第 2 章　陌生庄园里，遇到一名老园丁　013

第 3 章　你愿意为财富的秘密付多少钱　027

第 4 章　发现自己被囚禁了　043

第 5 章　信封里藏着的惊人秘密　049

第 6 章　写下你心目中的数额　057

第 7 章　由你决定自我形象的价值　067

第 8 章　低估语言文字力量的代价　079

第 9 章　玫瑰是有花蕊的　091

第 10 章　把潜意识放在自己的手心里　097

第 11 章　一点一点靠近秘密　*107*

第 12 章　如果明天你死掉，你会做什么　*121*

第 13 章　你心里住着你自己的上帝　*137*

第 14 章　终于发现玫瑰花园的秘密　*145*

第 15 章　老富翁最后的赠予　*165*

故事远没有结束　*171*

序

　　我们都是讲故事的人，我们彼此讲述着自己的故事。我们也喜爱跌宕起伏的故事，无论是电影里的、书中的、网络上的，还是晚上在我们耳边低声讲述的……

　　我们向周围的人讲述自己的故事，也讲述大量的寓言。其时寓言是特别奇妙的东西，因为正如《韦伯斯特词典》^①所定义的，寓言"潜移默化地传达着有益的真理"。这是一本不厚的书，但给我们讲述了一个动人而意外的故事，揭示了一个最最有益的真理，那就是：**假如我们理解并践行着成功原则，那么赚大钱并过上充实的生活，是人人都可以实现的目标。**

　　也许，寓言是传达这些真理的最恰当的形式，因为寓言

---

　　① 又称《韦氏词典》；韦伯斯特（1758—1843），美国词典编撰家。

具有孩童般的质朴和纯真，通过寓言，我们可以直接与我们潜意识中孩童般的单纯进行沟通。一旦我们的潜意识得到了一个信息，我们就能够在自己的生命中创造出无数积极的变化。

本书已在世界各地刊印超过 37 个不同的版本，售出图书超过两百万册。该书作者是一名真正的百万富翁，由他亲自撰写的这个故事，凝聚了一个百万富翁的思维模式和真实感受，所以它的影响力是决不可小窥的。

这是一本构思巧妙、才华彰显的图书，它不仅限于让你的财富达到富足——其中的一些方法远比物质创富手段更令人满意和有价值得多。

——马克·艾伦

《富有远见的生意》和《百万富翁课程》的作者

1part

拜访百万富翁叔叔

年轻人的叔叔拉开身边大橡木书桌的一个抽屉，从里面取出一张优雅的信纸，掏出笔，匆匆地在纸上草草地写下几行字。

从前，有一个聪明的年轻人想发家致富。不可否认，他跟我们普通人一样也遭受过种种的失望和挫折，但幸运的是他仍然心存希望，相信自己有朝一日会走好运。

就这样，他一边在一家小小的广告代理公司担任业务经理的助理，一边等待着财富女神的眷顾。他薪水微薄，已经有一段时间感到工作不能带给自己多少满足了。此时他的心也早已不在工作上了。

他梦想着做别的事情，比如写一部畅销小说，使他名声远扬，一朝致富，从而一劳永逸地解决自己的财务问题。但是，他的雄心是不是有点不切实际？他是否真的有足够的写作天分和能力写出一部畅销书，抑或是写了，但书中会不会处处不着边际地充斥着对他内心痛苦的凄惨、散漫的描述呢？

一年多来，每天的工作已经成了他日复一日的噩梦。他的老板每天上午大部分时间都是看报纸、写备忘录，之后就不见踪影，或是把时间花费在3个小时的午餐上。而且他一会儿一个主意，朝令夕改，经常给出前后矛盾的命令，让年轻人不知所措，无所适从。

但不只是他——他周围的同事也都受够了所从事的工作。他们似乎停止了对未来的任何憧憬，干脆什么都不想，过一天是一天。关于自己想成为一名作家的憧憬，他不敢告诉任何一位同事。他知道他们肯定会把这事当做笑谈而一笑置之的。工作的时候，他经常感到与世隔离，就好像此时的他身在异国他乡，不懂当地语言似的。

每个星期一的上午，他都不知道自己究竟该怎样在办公室打发掉接下来的一个星期。他感到自己跟办公桌上堆积如山的文件，跟客户要求争相推销他们的香烟、汽车、啤酒等形形色色的要求完全脱节了。

在六个月之前，他就写好了一封辞职信，并带着那封捂得发烫的辞职信走进老板的办公室十几次，但就是没能迈出最终的那一步。这很好笑，如果是三四年前，他是会毫不犹豫的，但现在他似乎不知道该怎么做了。有个东西在拽着他回去，是某种力量——难道这纯粹是懦弱？他似乎失去了胆量，在过去，这种胆量总是帮助他得到想要的东西。

他一直在等待着时机成熟，找各种各样的借口不采取最后的行动，想知道自己是否真的能够成功。难道自己已经变成一个永远沉湎于白日梦的家伙了吗？

他怯于行动是否源于自己负债累累的事实？抑或纯粹是因为他开始变老，这个过程会不可避免地时时促使我们放弃自己对未来的憧憬？

有一天，当他感到特别沮丧的时候，他突然想起应该去拜访一下自己的一位叔叔。那个叔叔早就是百万富翁了，也许他可以给自己一些建议，当然若是能再借给自己一些钱那就更好了。

他叔叔为人热情、友善，立即答应见他，但是拒绝借钱给他，声称自己不会帮他这个忙。

"你多大了？"听完他那悲伤的故事后，他叔叔问道。

"32 岁。"年轻人懦弱地小声嘟囔着。

"你知道吗，约翰·保罗·盖蒂①到 23 岁的时候就已经赚到了一百万美元，我在你这个年纪的时候，就拥有了五十万美元。你是怎么搞的，在这个年纪还要借钱度日？"

"您就别责怪我了。我工作很卖力，每天像个老黄牛似的，有时候一周工作 50 多个小时……"

"你真的相信努力工作就能致富？"

"我……我猜是这样的……不管怎样，人们不总是

---

① 保罗·盖蒂 (1892—1976)，美国石油商人，20 世纪 60 年代世界首富。1957 年盖蒂名列《命运》杂志富豪榜的榜首，并连续 20 年保持美国首富地位。他一生充满神秘和矛盾的色彩，由于高超的商战谋略，被冠以"石油怪杰"的美称。

这样被教导的吗？”

“你一年挣多少钱——35000 千美元？”

“嗯，差不多这个数，”年轻人回答。

“那你是否认为，如果有人挣 35 万美元，他每周工作的时间就得是你的 10 倍？显然不是啊！所以，如果这个人挣的钱是你的 10 倍，而工作时间并不比你多，那他一定是在做某件跟你完全不同的事。他一定有一个完全不为你所知的发财的秘密。”

“肯定是。”

“你还算幸运，至少懂得这个道理。大多数人甚至连这个都不懂。他们太忙着赚钱糊口了，根本没想到要停下来，好好想一想自己怎样才能厘清有关金钱的问题。大多数人甚至不愿花上一个小时，想一想自己怎么才能致富，以及为什么他们从未能做到这一点。"

年轻人不得不承认，尽管自己满怀雄心，梦想着发大财，却从没花时间真正对自己的情况深思熟虑一番。好像什么事都让他分心，阻止他去直面一个显然具有根本重要性的任务。

年轻人的叔叔沉默了一会儿，然后微笑了起来：

"我决定要帮帮你，我要让你去见那位曾帮我致富的人。他被称做快速致富者，你听说过这个称谓吗？"

"没有，从来没有。"年轻人说。

"他选择这个称谓，是因为他声称，在发现了真正的致富秘密后，他一夜之间就成为了百万富翁。他声称能够帮助任何人快速成为百万富翁——至少使之获得成为百万富翁的心态。"

他叔叔转过身，面朝墙上挂着的一幅大地图，用手指了指一个稍显孤零零的小镇。

"你去过那儿吗？"

"没有。"

"那为什么不试试？去找他试试吧。他完全有可能把自己的秘密透露给你。他住在一幢奇妙的房子里，整个城镇最美的一幢。找到它应该不会有什么问题。"

"你为什么不亲口告诉我这个秘密？这样我就不必费劲巴拉地到那儿去了。"

"完全是因为我无权这样做。当快速致富者向我吐露这个秘密的时候，他做的第一件事，就是让我发誓决不把秘密告诉任何人。不过，他确实也说过我可以把其他人引见给他。"

这一切似乎既让年轻人惊讶，也使之沉浸其中。激起他的好奇心也是自然的了。

"你确定什么都不能告诉我？任何东西都不行？"

"绝对不行！我所能做的，是向快速致富者引荐你时为你多美言几句。"

年轻人的叔叔拉开身边大橡木书桌的一个抽屉，从里面取出一张优雅的信纸，掏出笔，匆匆地在纸上草草地写下几行字，然后把信折起来放进一个信封，他接着又在一张纸片上写下了地址，他把信封和纸片一起递给自己的侄子。

"这是你的介绍信，"他说，"这纸片是百万富翁的地址。最后叮嘱一句，你一定要答应不偷看信的内容。如果你的确打开了信封，尽管我有言在先，而你仍然希望信能够起作用，那你最好是假装没有打开过它。但覆水难收，到时候悔之晚矣。"

　　年轻人并没有搞清楚他叔叔在说些什么，但他同意了。他的叔叔总是有点古里古怪的，而且他毕竟是在帮自己的忙，所以他热情地谢过叔叔，起身离去。

2part

陌生庄园里，遇到一名老园丁

他看见一名园丁正在俯身侍弄一丛玫瑰。园丁头戴一顶遮住了半边脸的宽边大草帽，从形态上看园丁有七八十岁了。

　　年轻人开上自己的汽车，开始向快速致富者所在的小镇疾驰而去，他此时脑子里有无数个问号。跟这个男人的见面会有多难？他会欢迎一个不速之客吗？他会透露他的致富秘密吗？

　　快到叔叔所说那人的庄园的时候，他看到了自己口袋里的那个信封，他再也抑制不住自己的好奇心，尽管叔叔的警告言犹在耳，他还是打开了介绍信。当他打开的那一刻，他大吃一惊，心率越来越快，冷汗全冒了出来。他不知道叔叔是否犯了一个错误，还是在跟他开玩笑，因为那封"信"不过是白纸一张！

　　等他回过神儿的时候；他已经来到庄园的大门口了，他看到了一名保安。那保安面无表情，看起来就跟他正在保卫的这幢房子紧闭的大门一样坚不可摧。

　　"我能为你做些什么？"保安冷冷地问。

"我想见见这房子的主人。"

"你提前预约了吗？"

"没有，但……"

"那么，你有介绍信吗？"

年轻人把手伸到自己的口袋里，刚把信掏出一半，又飞快地塞了回去。

"我可以看看你的介绍信吗？"保安追问了一句。

年轻人记起了他叔叔的话，"如果你打开过这封信，就必须假装你从来没有打开过"。

他把信交给保安，保安"看着"信，脸上仍然全无表情。

"很好，"他一边说，一边把信还给年轻人，"你可以进去了。"

保安引导他到停车处停好车，然后带他到那幢豪华的都铎式房子的前门。一名衣着精致到无可挑剔的管家开了门。

"我能帮您什么？"管家问。

"我想见见快速致富者。"

"他现在有点事，没法见你。请在花园稍候。"

管家陪同年轻人来到花园入口，花园正中央有一个亮如明镜的池塘。年轻人被景色吸引住了，忍不住欣赏起了各种美丽的花草、灌木和大树，这时，他看见一名园丁正在俯身侍弄一丛玫瑰。园丁头戴一顶遮住了半边脸的宽边大草帽，从形态上看园丁有七八十岁了。

当年轻人走到他身边的时候，老园丁停下了手里的活，微笑着看着年轻人。他那双蓝色的眼睛格外明亮，令人心情愉快。

"你来这儿干什么？"他问道，声音亲切、友好。

"我是来见快速致富者的。"

"噢，我知道了。什么原因呢，如果你不介意告诉我的话？"

"呃，我……我只是想向他请教……"

老园丁起身走向那丛玫瑰，然后停下了脚步，转过身来："噢，顺便问一下，你身上不会有 10 美元，是吧？"

"10 美元？"年轻人的脸涨得通红，"呃，那是……那是我身上的全部家当了。"

"太好了。那正是我需要的。"老园丁回答。

老园丁看起来十分高贵。他的态度显现出一种独特的优雅和魅力。

"我真的想把钱给你，"年轻人答道，"但问题是，那样的话我就身无分文，连回家的钱都没了。"

"你打算今天就回家？"

"不，不，不……我的意思是说我不知道呢。"年轻人说，一脸地茫然，"我得等我见到了快速致富者再走。"

"但如果你今天不需要这钱，那为什么这么不情愿借给我？兴许你明天不需要用钱，谁知道呢？你也许明天就是个百万富翁呢。"

这个推理虽然在年轻人听来完全不合理，但他还是把钱给了老园丁。老园丁笑了。

"大多数人都不敢向别人提要求，而当他们最终这么做的时候，却往往不能坚持到底。这是一个错误。"

这时，管家来到了花园，以尊敬的口吻对老人说："先生，您能不能给我 10 美元？厨师今天要离开，并且坚持要付钱给他。我刚好差 10 美元。"

老园丁把手伸进他那又宽又大的口袋里，拿出了一卷厚厚的钞票。他身上一定有数以千计的美元现金，因为除了放在最上面的那张 10 美元钞票之外，年轻人看到的全都是百元大钞。老园丁从上面抽出那张刚从年轻人那里借来的 10 美元钞票，转手递给管家。管家道了声谢，有些谄媚地鞠了一躬，身影很快消失在房子里。

年轻人气坏了。老园丁的口袋里明明塞满了现金，比他这辈子见过的钱都多，怎么还胆敢拿走他在这世上仅有的 10 美元？

"你为什么向我要 10 美元？"他说，尽力压住胸中的愤火，"你根本不需要这钱！"

"我当然需要啦。瞧，我一张 10 美元的钞票都没有，"

他一边说，一边用手指翻着那卷厚厚的钞票，"你不会认为我打算给他 100 美元，是吧？"

"你身上留着这么多钱，究竟是为什么？"

"这是我的零用钱，"老园丁答道，"我身上总是备有25000 美元以备不时之需。"

"呃……两万……五千美元？"年轻人惊得目瞪口呆，说话也变得结结巴巴。

突然之间，一切变得清晰起来：那名礼貌有加的管家、多得难以置信的零用钱……

"您就是快速致富者，对不对？"

"如假包换，"老园丁答道，"很高兴你来见我。"

"但是请告诉我，为什么你自己还没有致富？你有没有认真地问过自己这个问题？”老园丁接着问道。

“没真正问过。”

“哦，这也许是你应该做的头一件事。如果你愿意的话，可以在我前面把你的所思所想说出来。我会试着分析你的思维脉络。”

年轻人略做尝试，然后便放弃了。

“看得出来，”老富翁说，“你不习惯于大声说出自己的所思所想。你知道吗？有很多你这个年纪的人已经发财致富了？有些甚至是百万富翁。另有一些即将获得他们的第一个百万美元。你知道吗？亚里士多德·奥纳西斯①26 岁的时候，就已经在银行拥有 50 万美元的存款，那年他启程前往英国，计划在那里建立自己的船运帝国。”

---

① 里士多德·奥纳西斯（1906—1974），希腊船王，其创业经历是一个传奇，有“希腊战神”之称，但“风流船王”的名声更响亮，其爱情故事多次被搬上银幕。

"才 26 岁 ?"

"没错。刚起步的时候他只有几百美元。他没有大学文凭——也没有任何富有的叔叔。

"不过，现在该吃晚饭了。你愿意跟我们一起吃饭吗 ?"老园丁突然打断了谈话。

"……非常感谢。我很乐意。"

年轻人跟在老富翁的身后，老富翁尽管年岁已高，但仍然精神矍铄，步态轻盈。他们走进餐厅，餐厅里的餐桌上已经摆好了两副餐具。

"请坐。"老富翁指了指餐桌的另一头，要知道那个位置通常是留给主人的。老人坐在年轻客人的右边，他的正前方是一个漂亮的沙漏，上面刻着"时间就是金钱"的座右铭。

管家来了，手上端着一瓶酒和已斟满了酒的玻璃杯。

"预祝你能获得第一个百万美元。"老富翁举起了手里
的酒杯。

年轻人喝了一口酒，这是他整个晚上喝的唯一的一口
酒，而且吃得也不多——只是对一块美味可口的鲑鱼排啃
了几口。因为他确实很紧张。

"你喜欢目前的工作吗？"老富翁问年轻人。

"我想是吧。虽然现在工作状况不是很好。"

"要确信你对自己的职业选择是否持积极态度。我认识
的所有百万富翁——以及我这些年来遇到过的相当多的百万
富翁——都喜爱他们的职业。对他们来说，工作几乎变成了
一种休闲活动，就像一项业余爱好那样令人愉快。这就是
为什么大多数富人很少休假。他们为什么要放弃自己这么

喜欢做的事呢？这就是为什么他们甚至在赚了好几个百万美元之后仍继续工作。

"不过，尽管享受自己的工作虽然绝对必要，但却是不够的。要想致富，你必须知道财富的秘密。你告诉我，你真的相信这样的秘密存在吗？"

"是的，我相信。"

"很好。这是第一步。大多数人不相信有获取财富的秘密。他们甚至不相信自己可以成为富人。这一点，他们当然是对的。连自己都不认为能够致富的人很少能致富。你必须首先相信自己可以变得富有，然后充满激情地去追求这个目标。大多数人没有准备好接受这些秘密，就算有人用非常简单的语言告诉他们也没用。他们最大的限制在于他们本身对真正获取财富缺乏想象力。这就是为什么真正的致富秘密是世上保守得最好的秘密。

"这有点像埃德加·爱伦·坡[①]的故事中那封失窃的信，"老富翁继续说，"你还记得吗？故事是关于一封信的，警察在屋子里不论怎么找也没能找到，因为那封信并没有被藏起来，而是放在最不可能的地方——最不起眼的地方！由于内在的成见及缺乏想象力，警察最终没能找到那封信。因为他们没指望在显眼的地方找到信，所以他们从来也没有想到到那种地方去找。"

年轻人全神贯注地听着，他的心在燃烧：要找出这些秘密！但不论结果如何，有一件事是肯定的：即使这个老富翁真的没有什么秘密，也肯定是一位擅长埋下伏笔，善于讲故事而给人以深刻印象的大师。

---

① 埃德加·爱伦·坡（1809—1849），美国19世纪的诗人、小说家、评论家，不仅在美国文学史上，而且在世界文学史上都是一位十分独特的作家。创作了近70篇短篇小说，其中《莫格街谋杀案》、《罗杰疑案》和《失窃的信》被奉为是开创了侦探小说的先河。

3part

你愿意为财富的秘密付多少钱

他像个机器人似的，不由自主地掏出他的支票簿，尽管一种反抗的冲动一度闪过他的脑海。他被这个男人迷惑住了，就仿佛是一个落在催眠师手上的人任他摆布。

"现在，你愿意掏多少钱去得到这些致富秘密？"

老富翁的问题让年轻人吃了一惊。

"就算我愿意花钱去买，我的身上也一个子儿都没有啊。"

"但假如你有钱，你愿意付多少钱呢？说出一个数字，任何数字都行。首先印入脑海的那个。"

年轻人现在不可能回避这个问题了。老富翁要求的是一个非常明确的答案。

"我不知道，"年轻人回答，"一百美元……？"

老富翁放声大笑。

"只值一百美元？这么说来，你并不是真的相信这些秘密存在喽，对不对？如果你真心相信，肯定会准备为它们付出更多的。好了，我再给你一次机会，说一个更大点的数字。这不是游戏，而是很严肃的事情。"

年轻人思来想去。

"我不介意作答，"他说，"但是请记住，我现在身无分文。"

"这个你不用操心。"

"但如果一分钱都没有，我的手脚就被捆住了。"年轻人说，一脸困惑。

"哦，天哪！"老富翁大声说，"这下我们可有得忙了！自开天辟地以来，富人就一直在用别人的钱来集聚财富。任何真正赚钱的人从不需要钱来赚钱，我的意思是他个人的钱。况且，你身上肯定有一本支票簿……"

年轻人想否认这一点，但那天上午，他的确把支票簿塞进了口袋里。真是鬼使神差，天知道为什么。但他的账户上只有 4 美元 28 美分！他想要撒谎否认带支票了，但老富翁凝视着他的目光如此锐利，似乎能够洞穿他的心思。

年轻人听到自己在结结巴巴地说话，就好像是在承认内心深处一个幽暗的、不可告人的秘密："是的，我身上带了支票。"

他像个机器人似的，不由自主地掏出他的支票簿，尽管一种反抗的冲动一度闪过他的脑海。他被这个男人迷惑住了，就仿佛是一个落在催眠师手上的人任他摆布。不过他并不怕老富翁，因为他身上散发着一种善意，他的举动看起来甚至有点滑稽。

"很好，"老富翁回答，"现在你该知道你付钱没任何问题了吧？"

他打开一支精致的钢笔，脱下笔帽递给年轻人。

"在支票上写下你想到的数额，然后签上你的名字。"

"可是我不知道该写多少。"

"好吧，比如说写下 25000 美元。"

老富翁说出这个数目的时候，显得十分自然、干脆利落，没有丝毫的犹豫。

"什么……25000 美元！"年轻人大声说，"你一定是开玩笑吧！"

"那就写下 5 万美元，如果你愿意的话。"老富翁答道，声音平静得让年轻人无法分辨出他是认真的还是在开玩笑。

"就算 25000 美元也显得太多了。不管怎么样，你都没办法兑现这支票，因为账户余额不足，到时候一定会退票。只会有一名愤怒的银行经理怀疑我是不是疯了。他这种举动一点儿都没错。"年轻人激动地说着。

"当年我就是这样做成了有生以来最大的一笔交易的。

我签了一张 25000 美元的支票，然后不得不四处求爷爷告奶奶，寻找资金来支付它。但如果我当时没有签署支票，我就会错失一个绝佳的赚钱机会。"

"那是我第一个重要的生意经验之一，"他说，"那些浪费时间等待着所有条件成熟的人，永远都一事无成。理想的行动时机就是现在！"

"这段经历的另一个经验是这样的：若要在世上取得成功，就必须把自己逼到别无选择的境地；必须置之死地而后生。由于并非所有的条件都具备而犹豫不决且拒绝冒险的人，什么都做不成。原因很简单。当你切断了所有的退路，把自己逼到墙角的时候，才会把所有的内在力量都调动起来。你现在全部心思都在渴望某件事真的发生，那为什么还犹豫不决？年轻人，把自己逼到墙角，签下这 25000 美元的支票给我。"

年轻人摆好支票，慢慢地填上小写数字，然后填大写金额。但轮到签名的时候，他还是做不到。

"我这辈子从来没有开过这么大金额的支票。"年轻人心里痛苦地挣扎着。

"凡事都有个开头。如果真的想成为百万富翁，那就从今天开始吧。将来你必须习惯于签署比这个大得多的支票。这仅仅是个开始。"

但年轻人还是没有下定决心签名，这一切发生得太快了。这是要把 25000 美元的支票交给一个素昧平生，只是承诺用某些相当可疑的秘密作为交换的人啊。

"是什么让你犹豫着不签名呢？"老富翁问，"天底下的一切都是相对的。根本不用多长时间，这个金额对你来说就会显得微不足道的了。"

"不是金额大的缘故。"年轻人咕哝着。

"那是什么原因？哦？我知道你为什么不签字了。你并不是真的相信我的秘密能够使你成为百万富翁。如果你完全相信，你会不带片刻犹豫地签字的。告诉我，如果你完全相信，这些秘密能够帮你在不到一年的时间里多挣 10 万美元，而且你无须比现在更卖力——甚至比现在更轻松——你会签署这张支票吗？"

"当然会，"他不得不表示同意，"这样我就能赚 75000 千美元的利润啊。"

"那就签了它。我向你保证你将来会赚到那么多的。"

"你愿意作书面保证吗？"

老富翁又一次放声大笑起来。

"我喜欢你，年轻人。你决心要顾全自己的后路。这通常是一个非常聪明、谨慎的做法。但你记住，就算你后顾无忧，也并不意味着你就可以相信任何一个人。"

　　他起身离开桌边，在一个抽屉里翻找了一番，取出一份事前拟好的协议。这颇让年轻人无法接受，难道老富翁是把自己的秘密随随便便地大量出卖给任何一个跑到他这儿来的阿猫阿狗吗？

　　老富翁在保证书上签了字，然后交给年轻人。年轻人快速浏览了一遍，对读到的内容颇为满意。就在这时，老人突然改变了主意。

　　"我又有了一个想法，"他说，"咱们打个赌怎么样？"

　　他从口袋里取出一枚硬币，在手掌里上上下下地弹着。

　　"咱们来猜正反面。如果我输了，我就把我口袋里的25000美元现金给你。如果我赢了，你把那张支票签字给我。不管是输还是赢，咱们先忘了那个保证。"

　　"唯一的问题，"年轻人说，"是我之前告诉你的。我的账户里几乎没有多少钱。就算我给你支票，你也没办法兑现。"

"没问题，"老富翁说，"我一点儿也不着急。完全可以把日期推迟到一年之后的今天？"

年轻人犹豫了起来，终于他决定孤注一掷。

"好吧。有了这些条件，我接受这一赌局。"

他现在已经合计好了：不管什么情况，他都有整整一年的时间，换个银行户头，注销账户，或者干脆止付那张支票。他没有什么好失去的。而且，根据老富翁最新的提议，他甚至可以在几秒钟内赚到 25000 美元，一点力气都不费！

一丝自鸣得意的微笑滑过他的嘴角，但愿老富翁没有注意到。

这时，老富翁发出了一个小小的提议，这立刻否定掉了年轻人之前的打算。

"还有一件事。万一你赌输了，你必须郑重发誓你还会
支付这张支票。"

年轻人暂且发了誓言，但就在老富翁要掷硬币的时候，
年轻人突然制止住了他。

"我可以看看这枚硬币吗？"他问道。

老富翁笑了。

**"完全没问题。我真的很喜欢你，年轻人。你做事很谨
慎。这能够帮你避免很多错误。只是不要因为这个而让自己
错失许多好机会。"**

老富翁把硬币递了过来。年轻人仔细地查看了硬币的正
反面并交还之后，老富翁立刻要他选择一面。

"反面。"年轻人回答。

老富翁把硬币往上一抛，年轻人的心开始狂跳起来，这是他有生以来第一次有机会赢到 25000 美元的时刻！

他望着硬币在空中翻转……心中的焦虑陡然而起……直到硬币落在桌子上。

"正面！"老富翁欢快地说，但随后马上补充了一句，"抱歉。"

很难说他是真的抱歉，还是仅仅出于礼貌。

年轻人签署支票的时候手开始禁不住颤抖。可能有朝一日，他大概会习惯签署像这样的大额支票的，但是在这当口，他的心像被掏空了似的。

他把签完字的支票递给老富翁。老富翁略微看了一下，然后把支票叠起来，放进自己那个又宽又大的口袋里。

"现在，"年轻人说，"能不能把致富秘密告诉我？"

"当然可以，"老富翁答道，"你手头有纸吗？我把秘密给你写下来。这样你就不会忘记了。"

他的话让年轻人颇费思量。老富翁难道指望用一页纸就写下所有的秘密——这可是他刚刚用 25000 美元换得的秘密啊！

"不好意思，我随身没有带纸。"

"可是，你来到这里的时候身上不是有一封介绍信吗？你叔叔这么多年来介绍过来的人，身上都是带着介绍信的。"

年轻人经提醒，才想起了那封介绍信，他赶紧从口袋里取出那封信。

他把信递了过去，在老人打开信的时候仔细观察老人的脸。当老富翁发现介绍信空无一字的时候，似乎一点也不惊讶。他拿出笔，身子靠着桌子，准备写些东西。可就在这时，他抬起头，让年轻人把管家叫来。

"你可以在厨房里找到他，就在那儿，走廊的尽头，"老富翁解释说。

当年轻人带着管家回来的时候，老富翁正在给信封封口。他似乎对自己写下的东西很满意。

"我们的年轻客人要在这儿过夜，"他对管家说，"你带他去他的房间，好吗？"

然后他转向年轻人："秘密就在里面。"他站起身，把信封递了过去，然后郑重其事地跟年轻人握了握手，就好像他刚刚成交了他这辈子最重要的一笔生意。

"我唯一必须要求你去做的就是，等到你一个人待在房间的时候，再打开信封看里面的秘密。哦，还有一个条件。在你看我所写的东西之前，你必须答应我，要用你生命中

的部分时间把这些秘密分享给比你更不幸的人。如果你同
意，你就会是我这辈子把这些秘密直接托付给的最后一个
人。我在这里的工作将结束，我将准备在另一个大得多的
花园照顾玫瑰。

　　"如果你并不准备向他人分享这些秘密，"他说，"你现
在还有时间退出。但当然啦，你就不能打开这个信封了。
我会把你的支票还给你。然后你随时都可以回家去，继续
过迄今一直在过的生活。"

　　既然年轻人终于手握信中所写的那个让他魂牵梦绕秘
密，哪儿还有退出的理由呢？他的好奇心占了上风。

　　"我保证。"他答道。

4part

发现自己被囚禁了

整幢房子一片寂静。他被囚禁了……

不久，年轻人就独自一人待在自己的房间里了。房间太豪华了，他忍不住四处观察起来。他信步走到窗前，这是房间里唯一的窗户，窗口离地面非常高。他眺望着整个花园，可以望见自己初遇老富翁时的地方，脑子里还记得老富翁当时满怀温柔、充满爱心地照料花园里玫瑰的情景。

当夜幕降临，一轮满月给一切洒上了一层淡淡的光辉时，年轻人心中充满了期待，终于要发现自己渴望多年，却一直未解开的致富秘密了……

他慢慢地打开信封，拿出信纸，映入眼帘的，却还是一张空无一字的白纸！他把信纸翻过来，另一面也是空无一字，哪怕最细微的笔迹都没有。自己太傻了，竟然任由这个老人欺骗自己！他签署了一张金额令人咋舌的支票，换来的却是一个虚无缥缈的、根本不存在的秘密！

那位老富翁当时看起来那么诚实，甚至使自己开始对他有了好感，竟然傻乎乎地要喜欢上那个老人了。

　　年轻人意识到自己本来应该更小心些，也许，太老实的人永远也发不了财这句老话是有点道理的。他必须承认自己根本就没有什么商业头脑——这或许就是自己至今贫穷如昔的原因。而现在甚至更穷了！一股叛逆的情绪油然而生，把他整个吞噬了。他一把抓起信，使劲揉作一团，扔到房间的另一头。

　　他能够做什么呢？他自投罗网，投入到一个张开了血盆大口的陷阱？他只有一个选择：离开这个不祥之地，越快越好。天知道会发生什么？也许自己还有性命之忧呢。他可不想在这个地方过夜。

　　他断定，最好的办法是悄无声息地溜走。他踮起脚尖，来到门边，慢慢地转动门把手，但门被人从外面锁上了。现在，窗户是仅有的出口了，它离地面大约有 30 英尺高。如果从窗口跳下去，肯定会摔断脖子的。唯一的选择是摇铃叫管家来开门。

他拉了下铃，等待着。没有人来。

他又拉了下铃。还是人影皆无，兴许铃坏了？

整幢房子一片寂静。他被囚禁了……

他躺在床上，当天发生的一幕幕在他眼前掠过。一种荒诞的感觉逐渐压倒了他，他不论做什么都无法将这种感觉抛之脑后。他花了25000美元买来的那张白纸一直在他面前飘来飘去，仿佛在嘲弄着他。

终于，他扛不过浓浓的倦意。他梦到一个陌生人一再引诱他签下一份厚厚的至为重要的文件，这签下的文件仿佛能决定他的生死。可是当他再打开文件时，他快疯掉了——那份文件每一页都是空无一字的白纸……

Spart

信封里藏着的惊人秘密

毋庸置疑，老富翁真是巧舌如簧、说服力惊人。就在几分钟前，年轻人还准备好好地咒骂他一番，但现在他却听得入了神。

第二天早晨醒来，年轻人觉得自己就像是被一辆三吨重的卡车碾过了一样。

他瞥了一眼镜中的自己。他昨晚是和衣而睡的，模样看起来很糟糕，但这只是坚定了他的决心。他满脑子只有一个念头：找到那位老人，把他的"秘密"还给他，要回自己的支票。

他用手指捋了捋头发，朝门口走去，想起昨晚门是锁着的。他迟疑地试着转动门把手，"咔"的一声，门终于开了。门现在没有锁。他像一头愤怒的狮子般冲出房门，朝餐厅冲去。

他发现老富翁平静地坐在桌旁，穿着和昨天一样的衣服：那套干净整洁但已破旧得令人吃惊的园丁服。他那顶大大的、尖尖的宽边帽，就放在他面前的桌子上。

老富翁正在抛着一枚硬币，硬币一落在桌上他就开始数数。

"九。"他嘴里咕哝着，眼睛不离硬币。

"十……该死！"他抬起头。

"我还从来没能超过十次，"他说，"我能连续十次得到我想要的结果，但掷到第十一次总是失败，尽管我每次掷硬币的方式一模一样。"

年轻人意识到自己昨晚被愚弄了。

"我父亲是个熟练的魔术师，他一般能够掷出十五次想要的结果，"老富翁接着说，"可惜，我没有继承他的天分。"

年轻人强忍怒气要求看一看那枚硬币，老富翁爽快地递给了他，年轻人拿起硬币在桌子上抛着。人头……背面。人头……背面。显然是一枚没什么猫腻的硬币，除非隐藏着某种自己没注意到的秘密机关。

"我们昨天打赌并没有任何不诚实的地方，"老富翁说，"我只是露了一手我在处理金钱方面的技巧。虽然有些人把技巧当做不诚实，但这二者完全是两码事。"

年轻人挥舞着那封信，把它扔在桌子上。

"你的骗术真高明啊，先生。你的钱来得也太容易了：一张白纸就换得 25000 美元。"

"那不是白纸，是致富的秘密。"老富翁纠正他的说法。

"你以为我是白痴吗？"

"白痴？你当然不是。你只是缺乏洞察力。这很正常啊。你的心智仍然不成熟。"

"也许是吧，但一张白纸我还是肯定能够分辨得清的。"

"我向你保证，只要有这张白纸，你就的确可以变得很

富有。当年我快速成为百万富翁就全凭它。只是因为不久
之后我得回去照料我心爱的玫瑰，所以我现在就帮帮你。
仔细听好了，这是因为当你成功地运用这个秘密之后，你
就必须马上把它分享给其他人。一旦你成功脱困，你就必
须对那些仍被贫困的枷锁捆住了手脚的人说明脱困之道。
请你重复一遍你昨天所作的承诺，可以吗？"

毋庸置疑，老富翁真是巧舌如簧、说服力惊人。就在几
分钟前，年轻人还准备好好地咒骂他一番，但现在他却听
得入了神。

他再一次郑重宣誓了昨天的承诺。

我必须再次警告，成为百万富翁很可能听起来太过容
易。但千万不要因其太过单纯而受骗。每当你心怀疑虑的
时候，那就想一想莫扎特：真正的天才是很单纯的。刚开
始时往往会心存疑虑，但随着时间的推移，当财富以一种
最意想不到的方式像磁铁一样吸引你的时候，你就会茅塞

顿开。

"这正是我一直以来诚心诚意希望的——弄懂事情的原委!"

"那就更好了。一旦你领会了这个秘密,你就会知道为什么要相信它。但刚开始的时候,尽管它很单纯,这秘密会显得十分奇怪,以致你无法理解它,或不相信它,若就此而论的话。所以我必须请你要稍稍有点信心。如果秘密存在,你就会因为自己的信心而得到一切;如果秘密不存在,你也没什么损失。"

part

写下你心目中的数额

"好了，"老富翁说，目不转睛地盯着上端置空的沙漏，"你心目中的数额是多少？"

"你的脑子里如果有任何问题，请尽管问我，"老富翁说，"我很乐意进行解答。不久之后你就不能这样做了。我们相聚在一起的时间有限，所以不要把时间浪费在徒劳无益的讨论上。这儿有一支笔。你身上有纸吗？"

"在这儿。"

"你真的想致富吗？"

"再想不过了。"

"这很好。那就写下你想要赚的金钱数目，以及你给自己多长时间去赚到这么多钱。"

"你认为就凭我在纸上写这么几个数字，钱就会从天而降，滚滚而来？"

"是的，我就是这么认为的，"老富翁说，"我警告过你这个秘密很简单。我遇到过的所有百万富翁都告诉我，他们在为自己定下一个金额及赚得该金额的期限之后，才开始变富的。如果连方向都不清楚，那么可能任何目标你都达不到。"

"这在我听来就像是魔法。"

"但事情的确是这样——量化目标的魔法。

"我们从另一个角度考虑这个问题吧。假设你正在努力找工作。在经历过一切必要的步骤之后，你最终得到了面试的机会。不久之后他们告诉你你会被他们认真地考虑。然后，你发现自己得到了那份工作，而且你将会赚很多钱。对此你会作何反应？"

老人期待地看了一眼年轻人，又接着说："首先，你会对自己很满意。从数十名乃至上百名竞聘者中脱颖而出——多大的胜利啊！因为在失业了比如说三个月之后，你会认为这确实是一个非常幸运的突破。可是，一旦最初的兴奋过了之后，你的下一个反应会是什么呢？"

"哦，我想知道工作何时开始。然后，我想知道'一大笔钱'到底是多少钱。由于一切都是相互关联的，我会试着确切地找出薪水将是多少，以及将提供哪些福利。"年轻人似乎进入主题了。

"很好！比如，若你问新老板他所说的'一大笔钱'到底是多少，而他只是信誓旦旦地说你肯定会赚很多钱，那么你是不会满意的，对不对？更糟的是，你大概会开始重新考虑他的诚信问题。他拒绝说出某个具体的数字，这个事实极有可能意味着背后有猫腻，你的薪水不一定像他所一直暗示的那么多。再则，如果他拒绝把你应该开始工作的确切日期告诉你，那你就会疑虑重重了，是不是？你会设法向他追问，问出个所以然来。"

"我想我会的。"年轻人。

"如果你紧追不舍，却仍然无法得到你想要的东西，那你就会觉得还不如干脆放弃这份工作，开始另谋高就。事实上，你完全有理由这么做。"

"你说得对。这工作大有可斟酌之处。"

老富翁显得很满意。他停顿了一会儿才继续说下去，嘴唇仍带着一种调侃而善意的微笑。

"你向那个老板提出问题，是为了得到硬邦邦的事实。对吧？只是知道自己将会赚很多钱是不够的。你还想知道到底是多少钱。发现自己会得到那份工作也不会使你满意。你还想知道开始工作的确切日期。而且，你很可能希望把这一切写下来，因为书面合同比口头协议要硬气得多。口头语言都是短暂的，但书面文字是永久的。

我们向生命索取什么，生命就会给予我们什么，这是大多数人，或至少不成功的人所不知道的。因此，要做的第一件事，就是问一问自己到底要什么。如果你的要求很模糊，那么无论你得到什么，都将是模糊的。如果要求得很少，得到的也将很少。

"你提出的任何要求都必须是绝对精确的。就货币财富而言，你必须确定一个数额及达成的最后期限。那么，人们一般做些什么呢？甚至是那些想发财、发大财的人，都会犯下同样的错误：他们不确定一个准确的数额和达成的最后期限。如果你要确证此事，只需随便问一个人他下一年到底想挣多少钱，而且要求他马上回答。如果此人真的踏上了成功之路，如果他真的知道自己要去哪儿，而且如果他不介意向你说真话，他就能够立即回答。然而，人们十有八九不能立刻回答这个简单的问题。这是最常见的错误。生命需要确切知道你期望从中得到什么。如果不要求任何东西，你便得不到任何东西。

"现在我要对你作个测试。"老人说，"你刚才告诉我你想致富。"

"一点儿没错。"

"那请告诉我你明年想赚多少钱。"

年轻人发现自己不知道该说什么才好。他完全懂得了老人所讲的道理。事实上，他诚心诚意赞同老人的话。可是他必须承认，自己跟绝大多数人一样，想要致富却不知道自己要赚多少钱。他局促不安起来。

"我不知道，"他只好承认了，"但是我觉得我刚刚搞懂了我的一个错误——也许是最基本的错误。"

"这是个严重的错误。那就设法改正过来。来吧，写下你心目中的数额。"

"我真的一点儿也不清楚。"年轻人咕噜着。

"可是这很容易啊。写下你明年想赚的金钱数，我就知道我们将要做什么。花几分钟时间考虑一下。时间一到，你就必须写下一个数额。我们已经设定了最后期限：一年后的今天。所以你必须要考虑的就是剩下金额了。来吧！时间在一分一秒地溜走！"

他一边说，一边拿起桌上金色的沙漏倒过来。

年轻人迅速地感受到了紧张的气氛，他意识到，这是自己一生中第一次必须集中全部注意力应对此事。各种各样的数字不受控制地在他的脑海里跳来跳去。时间不多了。当最后一粒沙子即将掉落时，他仍未定下一个明确的数额。

"好了，"老富翁说，目不转睛地盯着上端置空的沙漏，"你心目中的数额是多少？"

最后，年轻人选择了自认为能够赚到的最大金额数，他慢慢写下了一个数字……

"只有 75000 美元！"老富翁大叫起来，"实在低了点——不过算是个开始吧。我真希望是 50 万美元。要快速

成为百万富翁，你有很多事情要做。不过，你将会看到，
事情并非像大多数人想象的那样累人。而且它将是你一生
中所做的最重要的工作，不管你最终选择了什么职业。这
叫做自我修炼。"

7part

由你决定自我形象的价值

"恭喜你，年轻人，"老富翁飞快地说道，"你刚刚在几秒钟的时间里就赚到 25000 美元，感觉不坏，是吧？"

　　这时管家端着咖啡和羊角面包走进餐厅，年轻人一边吃，一边接着听老富翁的教导。

　　"我要向你提一系列问题，"老富翁说，"来帮助你弄清楚在你作出反应的头几分钟你身上到底发生了什么。"

　　年轻人放慢了嚼面包的速度，认真地听着。

　　"首先，你必须认识到，你在那张纸上所写的数额内涵丰富，远远超过你心中所认为的。事实上，这一数额代表着你所认为的自我身价，几乎分毫不差。在你的心目中，不管你是否愿意承认，你的身价是每年 75000 美元。一分钱不多，一分钱不少。"

　　"我不清楚你怎么会这么说，"年轻人说，"我选择那个特定的金额，这个事实意味着我头脑清醒、脚踏实地。我只是看不出我现在怎么才能赚得更多。毕竟，我没有学位，工资不高，银行存款几近为零。"

　　"你这么思考在某种程度上是成立的，不管怎样我都表示尊重。唯一的问题是，这种态度正是导致你当前状况的原因，外部的环境反而并非真的十分重要。**牢记下面这句话：你生命中的每一件事都是你所思所想的一个反映。一般认为外在因素决定着人的生活，如果你继续接受这个谬论流传的幻觉，你的心智就领会不了上面的那条原则。事实上，世间的一切都是一个态度问题。你描绘成什么样，生活就是什么样。你身上发生的一切都是你头脑的产物。所以，如果你想改变自己的生活，就必须从改变自己的想法开始。**毫无疑问你会认为这有点老生常谈。许多'理性的'人顽固地拒斥这一原则。

　　"但事情的真相是，所有那些在世上成就了伟大事业的人，不管是哪个领域，他们对于严密理性的思想家所提出的反对意见总是视若无物。"

　　老人不紧不慢地接着说：

"当然这并不意味着我固执地反对理智。恰恰相反，要取得成功，推理和逻辑是必不可少的。但这些还不够，它们只是帮助你发财的工具和忠实的仆人，仅此而已。

"而在大多数情况下，推理和逻辑会变成成就大事路上的障碍，因为只有那些坚信心灵力量的人才能成就大事。成功人士绝不会让外在环境过分地困扰他们。若加以深究就会发现，成大事者在过去所面对的外在环境与其他人相差无几，有时候往往甚至更困难，但这反而只是促使他们更深入地挖掘他们的内在力量。这些成大事者坚信自己能够成就大事，所有致富了的人都深信自己能够致富。这就是他们所以成功的原因。"

然后老富翁微笑地注视着年轻人，说道：

"不过，我们现在回到那张写了金额的纸，回答这个问题：你写下的75000美元肯定不是你脑子里想到的最大数额，对不对？"

"你说得对。的确不是。"

"那是什么数目？"

"我脑子里塞满了各种各样的数字……"

"比如？"

"呃，10 万美元。"

"那你为什么不写下这个数字呢？"

"我不知道。我觉得似乎这是遥不可及的。"年轻人开始局促不安起来，"或者是不可能，除非你相信自己能够赚这么多。

"既然你一开始只写下 75000 美元，那我们就得有一大堆事情要做了。如果我们不这样做，你就需要花上很长的时间才能成为百万富翁。所以，还是写下那个现在看来你可以实现的最高数额吧。再努把力就行。"

年轻人沉思了一会儿，写下了 10 万美元。

"恭喜你，年轻人，"老富翁飞快地说道，"你刚刚在几秒钟的时间里就赚到 25000 美元，感觉不坏，是吧？"

"可是我还没有赚到呢。"

"那就假装你已经赚到了。你已经迈出了最大的一步。由于相信自己可以赚 10 万美元而不是 75000 美元，你扩大了你心中所想的金额。虽然不是很大的飞跃，但仍然是进步。毕竟，罗马不是一天建成的。

"你的内心藏有一座像罗马那样的城市——每个人都是这样。令人惊异的是，这座城市是你想象出来的，而且具有惊人的弹性。你心中城市的规模取决于你所给予它的确切条件。通过增加你写下的数额，就能扩大你心中那座城市的边界。你心中的罗马也同时成长，而这只是开始。

"几百年来，所有睿智的思想家都说过，最大的限制都是人强加给自己的，因此，成功的最大障碍是一种心灵的障碍。扩大心灵的界限，就能扩大生命的界限。你的人生状况将像变魔术一样发生改变。我凭经验向你保证这是真的。"

"可是我怎样才能找出我心智的界限是什么呢？"年轻人问，"这一切听起来似乎有道理，但同时也相当抽象啊。"

"我刚刚解释了如何找到与你的自我形象相匹配的界限，"老富翁说："当你写下了那个数额时，你就把它转变成具体的文字了。看到每个人对自己的真正评价是什么，这是很奇妙的。每当有人这么做时，一个简单的数字马上就能暴露其真实的自我形象。他遭遇了自己心智的界限，这一心智界限完好地反映了他在世上将遇到的限制。生命将在他为自己设置的界限下俯首称臣——不论他是否意识到这一点。一般而言，对于这些关键的成功和致富原则，世上的失败者都是最无自觉意识的。成功者则不然，他们对这个道理了然于胸，并尽全力去持续提升他们的自我形象。

　　"刚开始的时候，提升自我形象的最简单方法，就是拿出一张白纸，先写下某个数额，然后逐步往上提高。现在，我们再来做一遍这个小练习，这次写下一个更大胆些的数额吧。"

　　年轻人思索了几秒钟，身子不安地扭动着，写下了15万美元，然后承认这是他所能想象出能赚到的最大数额。

　　"也许这是你能想象出的最大数额，但肯定不是你能'实际'赚到的最大金额。这个数额相当一般啊。有的人一个月就可以赚到，还有的人一个星期，甚至一天——一年中的每一天。不过，我还是要恭喜你。你已经有了惊人的进步：你已经把收入预期翻了一番，大大扩展了你的心灵界限——虽然没有我想象的那么多，但我不想给你太大的压力。你必须给自己设定一个你认为大胆但又合理的目标作为开始。

　　"目标必须既具野心同时又可以实现，这是任何目标可以实现的秘密。但不要忘记，大多数人都过于保守——他们害怕突破其心灵的界限。他们已经把自己的心灵界限变成一种习惯，已经习惯于没有它便不知所措。他们相信这就是生命的全部。他们害怕做梦。"

老人断续说道：

"你一定不要害怕扩展自己的心灵界限。只需写下一系列越来越大的数额，你在一个小时之内就可以取得令人惊异的进展。刚才你在几分钟的时间里，就已经把最初的数额翻了一番了。待会儿，当你独自一人的时候，继续做下一步的练习：在自己的房间里坐下来，在无人打扰的情况下写下你的财富命运路线图。你要这么写：六年后的今天，我将成为百万富翁。我就是这么快速成为百万富翁的。你大概会反对需要花六年之久才能成为百万富翁这种事，我同意，但你只需花一秒钟就可以拥有打开那个秘密的钥匙，它将确保你的财务命运和财富数额。

"想当初，我就是用一位年老的百万富翁借给我的一笔现金——大约合今天的 25000 美元——起步的，然后花了整整五年零九个月才赚到我的第一个百万美元。自此以后，我反复运用这个秘密，赚到了越来越多的钱。这个秘密总是会遭到一些人嘲笑，这在将来还会被嘲笑。可是，那些发出嘲笑的人都不是富人！"

年轻人若有所思地摇了摇头。他半信半疑。不过，这一切听起来有点太简单了。

"显然，"老富翁继续说着，"这个秘密不只是对那些想成为百万富翁的人有效。毕竟，并不是每个人都有这种野心。这就是这个秘密的美妙所在。它对任何梦想——从最不起眼的到最夸张的——都有效。它可以让你一年多赚 5000 美元或者使收入翻番——顺便说一下，这些是完全可以实现的。

"说到这儿，我要回去照料我那心爱的玫瑰了，而你呢，如果不介意的话，那就回到你的房间，花点时间写下我告

诉你的那句话：六年后的今天，我将成为百万富翁。然后
注明年月日。一定要注意出现在你头脑中的每一个念头，
不管什么念头，把它写下来，桌子上有纸。记住一件事：
只要你尚未习惯于成为百万富翁这个观念，只要它还不是
你生命的一个组成部分，并由此成为你内心最深处的想法，
那就没有什么可以帮助你成为一个百万富翁了。

"现在就去吧，好好回想一下我刚才说的秘密，你也许
到时候用得上它。让它在接下来的 6 年里成为你的指导原
则吧。"

8 part

低估语言文字力量的代价

他注意到有个诡异的男子朝这幢房子走来。那个人身披一个巨大的黑色斗篷，头戴一顶黑色宽边帽。年轻人倒吸了一口凉气，脊背上惊出了一身冷汗。

一个小时后，管家来接年轻人。这段时间，年轻人完全沉浸在那位古怪的老富翁教给他的练习上。时间过得真快，不知不觉一个小时就过去了。

管家解释说老富翁正在花园里等着见他，然后一言不发地陪着年轻人来到花园。他的主人正坐在长凳上，凝视着一枝刚摘下的玫瑰。他听到年轻人的脚步，抬起了头，柔和的笑容点亮了他的脸庞。他容光焕发。事实上，他看上去几乎沉静在喜悦中。

"怎么样？"他问道，"那个练习做得还不错吧？"

"嗯，还行。不过，我的心中还是有许多疑问。"

"所以我在这儿虚席以待啊。"老人继续微笑得看着他，同时把年轻人拉坐到自己身边。

"特别让我困惑的是，"他告诉老人，"就算我写下这个疯狂的数字，然后苦思冥想，我也实在看不出自己怎样才能在六年的时间里成为一个百万富翁了。我怎么才能使自己相信我能成为百万富翁呢？我甚至不知道自己要从事哪个行业。我还是觉得自己要做一个百万富翁实在太年轻了。"

"年龄根本不是障碍。有不计其数比你年轻得多的人发家致富了。主要的障碍在于不知道这个秘密，或者即使知道了也不加以应用。"

"我感到自己已经准备去应用了。但唯一的问题是：我实在看不出怎样才能使我自己真正相信我能够成为百万富翁。"

"这基本上只有一个办法。那就是像你说服自己相信即使你想成为百万富翁也无能为力一样。

"在接下来的几天，或最多几个星期，你要发展出一个快速致富者的人格心态。当然了，这需要花些时间来打破你这些年来建立起来的一切。所谓不破不立嘛。

"发展这种人格的秘密就隐藏在语言文字里，再结合图像，这些是种种想法得以表达的特殊方式。你的每个想法都会以这种或那种方式体现在你的生活之中。一个人的人格越强，他的想法就越有力量，它们往往就体现得越快，从而塑造和改变他的生活状况。这毫无疑问激发了古希腊哲学家赫拉克利特的名言，'人格等于命运'。"

"渴望是支撑想法的最佳工具。渴望越有激情，想要的东西就越快出现在生活中。致富的方式就是热烈地渴望财富。在每个生命领域，真诚和热情都是成功必不可少的元素。"

"可是我真的希望致富啊，"年轻人说，"多年来我已经尽可能做了一切了。但一无所成。"

"强烈的渴望虽然必不可少，但还是不够的。你欠缺的是信念。你一定要相信自己会成为百万富翁。"

"我怎样才能获得这个信念呢？"

"获得信念的方法是通过语言的不断重复。语言文字对
于我们内在和外在的生命具有不同寻常的影响。它简直无
所不能。大多数人完全没意识到这个原则，而且无法运用
用——不，我收回这句话。他们确实运用了语言文字的力
量，但通常带给他们的是不利的影响。"

"我不想跟你唱反调，"年轻人说，"但我觉得你太夸大
其词了。我真的看不出语言文字怎么能够帮助我成为百万
富翁。它们有某种重要性，但肯定有其他的东西更重要、
也更有力。"

老富翁没有马上作答。他凝神思考了一会儿，然后才
说："我在你房间的桌子上留了一本小册子，以一种颇具启
发的方式解释了我的这个观点。你上去找到它。篇幅很短。
你读完后再下来，然后我们继续刚才的讨论。"

年轻人回到房间，关上门，到桌子上去找那本书。桌
上没有书，但他发现了一封信，显然是给他的。尽管信封

上没有写他的名字，但信封上明确地写着：致年轻的百万
富翁。

　　他打开信。信中有一个用红墨水写的两个字：再见。署
名是：迅速致富者。

　　年轻人的心颤抖了起来，就像是一只发疯的蝴蝶。就在
这时，他听到身后有一个奇怪的声音。他转过身，看到了
一台以前没注意到的很老式的电脑。他走了过去，看到有
一个在不断重复的简单句子充满了整个屏幕：

　　你只有一个小时可活。
　　你只有一个小时可活。
　　你只有一个小时可活。
　　你只有一个小时可活。
　　……

　　如果这是个玩笑，那实在是太蹩脚了。但这一定是个玩

笑。老富翁为什么要他死呢？年轻人没对他做什么呀？可是这个地方的一切太奇怪了。也许老富翁是个疯子，和蔼慈祥的外表背后隐藏着他凶残的本性？

年轻人相当困惑。不过有一件事是肯定的：不管这是不是玩笑，他都不想冒任何风险。他要逃走，把自己的支票和老富翁用来把他的想象力轻易激发起来的神奇理论置之脑后。

他把信丢在地板上，向门口走去，但这次，门再次被锁得死死的。年轻人一下子慌了神。他使劲地摇动着门把手，试图强行把门打开，但显然，一切都是徒劳的。

年轻人慌得手足无措。他冲到窗前，看见老富翁在花园里干活，于是大声喊叫起来。没人回答。他更疯狂地尖叫着，还是没人回答。这时管家走进花园，年轻人就对他歇斯底里地大叫着。但是就好像他的叫声不存在一样，花园里的人对他的喊叫没有丝毫反应。

自己在经历怎样可怕的噩梦啊？我是睡着，还是醒着？

他一次又一次地叫着。一个仆人出现在管家身后几步远的地方，但他也完全没注意到这个"囚犯"求救的尖叫声，年轻人越来越绝望。

他发疯似的四处寻找东西来撬门。当他再次经过窗户时，他注意到有个诡异的男子朝这幢房子走来。那个人身披一个巨大的黑色斗篷，头戴一顶黑色宽边帽。年轻人倒吸了一口凉气，脊背上惊出了一身冷汗，他几乎被恐惧窒息了。他是谁？他来干什么？他是被派来杀自己的杀手吗？他深陷罗网。他就要死了。

不久，他听到有沉重的脚步声缓慢地朝自己屋门口走来。他的心缩成了一团，他要死的时辰终于到了。他四处搜寻可用的东西，任何用来自卫的东西，但什么都没找到。他听到钥匙在锁里转动，把手一动，门开了……

　　门边站着的是一个模模糊糊的黑色影子，然后很快变成了一个人形，静静地站在那里，一动不动，就像一尊雕像。突然，那个人把手插进口袋里。年轻人以为他要掏出武器，哪知道那个神秘的陌生人掏出的是一张纸。他掀起了帽子，正屏息等待最糟糕结果的年轻人张眼一看……原来是老富翁。

　　"你把你写了数额的纸忘在花园里了，"老富翁说。"你找到了我跟你说的那本小册子了吗？"

　　"不，我没找到，但我找到了这个。"年轻人愤怒地说。

　　他从地板上捡起了那封信。

　　"你玩的这个荒诞不经的把戏是什么意思？"年轻人说，"我可以控告你，这你知道。"

　　"但……那不过是些文字，在一张纸上的涂鸦、电脑荧幕上的一些文字而已。你不是告诉我你不相信语言文字的力量吗？看看你现在这副样子……"

年轻人突然明白了老富翁的意思。

"我只是想马上给你一个教训。亲身的经历是远比纯粹的理论好得多的老师。经历即生命。那不就是歌德的哲学吗？理论苍白无力；生命之树长青。

"**现在你懂得语言文字所拥有的力量了吗？语言文字的力量如此之大，以至于它们甚至不需要是真实的，就能对人产生影响。**我向你保证，我任何时候对你都没有犯罪的意图。"

"这我怎么知道呢？"年轻人说，渐渐地平静了下来。

"你可以用自己的脑子把问题弄清楚。我到底为什么要杀你呢？你从来没做过什么伤害我的事。就算你做过，我也不会把时间浪费在报复上。我想要的只是能够去自由自在地照料我的玫瑰花园。

"你本来应该依靠自己的逻辑意识的。不过，你有没有注意到，逻辑在类似这样的一个情况下多么软弱无力？当你从窗口向我们大声喊叫，而我们假装没听见的时候，你就完全绝望了。你所犯的错误不在于读到这些文字，而在于相信它们。由于相信它们，你就会本能地服从了人类最伟大的思维规律：当想象力和逻辑相互冲突时，想象力总是占据上风。"

9part

玫瑰是有花蕊的

两个人都沉默了下来，陷入各自的思索之中。年轻人注意到老富翁的眼里充满了悲伤……

　　"你今天学到了很多重要的东西，"老富翁告诉年轻人，"衷心希望你不仅用你的头脑，而且用你的心灵理解了它们。"

　　"现在你该知道，语言文字深深地影响着我们的生活，不管我们喜不喜欢。一个想法，即使是假的，也能够影响我们，只要我们相信它是真的。当你学会去分辨一个想法的价值，即你所给予它的价值，你的心灵就能够重新获得或保持平静。是你的想法使那个威胁产生了意义。如果是用外语写的，那么你一丁点儿也不会注意它的。"

　　老富翁沉默了一会儿，继续说了下去：

　　"在将来，每当你面对一个问题，即通往财富之路是布满荆棘的，那么请记住你在这所房间里遇到的这个特别的威胁。时刻提醒自己，你所面临的问题就跟这个威胁一样，与你自己没什么关系。这在你听起来也许不切实际，因为你就是必须处理这个问题的人。但你不必承受问题所带来的焦虑，或者让一个问题在你的心中显得过于重要，以致时时折磨着你。等到你能够做到这一点——这是不容易的，我向你保证，你就掌握了宝贵的技巧，能够实现你所有的梦想。

"不过，我要给你打个预防针。在你设法掌握它之前，旅途或许是漫长而艰辛的。但千万不要放弃。我向你保证这将是值得的。有朝一日你将学习到，掌握自己的命运、实现自己的梦想才是生命的最终目的。其余的都不重要。"

两个人都沉默了下来，陷入各自的思索之中。年轻人注意到老富翁的眼里充满了悲伤……

老富翁又开口了，就好像在总结他之前说过的一切："生活可以是玫瑰园或人间地狱，一切取决于你的心境。经常想想玫瑰。每当问题出现时就让自己沉浸在玫瑰的花蕊之中。记住，你不必把问题的重担扛起来。"

他特别强调了下面的话："大多数人无法懂得我刚才说

的话。他们相信这纯粹是百分之百的一相情愿。但它的含义要深刻得多。世界不过是你内在自我的反映。你的生活状况只不过是你内在生命的一个倒影。把注意力集中在玫瑰的花蕊上，你会从中找到真理，以及你所需的用以指导你度过一生的直觉。

"你也会找到财富的两个真正秘密：爱你所做的和爱他人。"

10part

把潜意识放在自己的手心里

"兴许……兴许我可以做到这个，我很愿意试一试。唯一的问题是，我不太确定该从哪里开始。"

在这番发自肺腑的长长表白之后，老富翁似乎筋疲力尽了。在几分钟的沉默后，他又开口说话，似乎在强调着下面要说的每一个字。

"我告诉你的这个秘密强大无比。即使刚开始的时候你认为极不可能成为百万富翁，但你将来还是会成为百万富翁。对于这个秘密只要接受就行，就像你对电脑屏幕上的消息所做的那样——把它当做事实。只要你对自己将来能够完成某件事有信心，你就会做到。"

"在电脑这件事上，"年轻人说，"我承认，我让自己给欺骗了。我失去了自我判断能力。但这个秘密就是完全不同的一回事了——我心里还是犯嘀咕，不相信自己能够在从现在起的六年时间内成为百万富翁。"

"即使你现在不相信这个秘密，它还是会对你产生影响。你越是使它内在化，它就越有力量。你必须说服的不是你的理性或意识。记住那个威胁。你的某个部分——你的想象力——把它当做真实的而接受了。而想象力就是某些人所称的潜意识。这是你心灵中隐藏的部分，其力量要比意识部分大得多。它引导着你的整个生命。我可以花上几个小时跟你谈论潜意识的理论。但是，知道潜意识极易受语言文字的力量所影响对你来说就这足够了。你能够在不到六年的时间里成为百万富翁，这应该是没有什么问题的，尽管如此，你还是对此疑虑重重，现在你知道为什么了吗？"

"不好意思。我不知道。"年轻人脸红着回答。

"哦，实际情况是，你长年累月地一直告诉自己你做不到。语言文字已经在你的潜意识里打下了深深的烙印。事实上，你曾经有过的每一次经历、每一个想法，你听过的每一句话，都已经不可抹灭地刻在你的潜意识里。久而久之，这种巨大的记忆就变成了你的自我形象。由于未意识到这一点，你过去的经历以及你片刻不停的内心独白，已经使你相信你不是可以成为百万富翁的料，尽管客观地说，你具有成为百万富翁的所有特质，而且你能够做到，要比

100

你想象中容易得多。跟其他所有的人一样，你的自我形象
具有强大的力量，乃至不知不觉中造就了你的命运。外部
环境最终与你关于自己的形象完全匹配，丝毫不差。要想
致富，你就必须打造一个新的自我形象。"

"兴许……兴许我可以做到这个，我很愿意试一试。唯
一的问题是，我不太确定该从哪里开始。"

"想一想不久前经历过的威胁吧。虽然不是真的，但它
却影响了你，让你觉得好像是真的。你所需要做的，就是
在自己身上玩同样的把戏。你的潜意识对这个是一点都不
长记性的。想想看：打童年时起，你接受过的每个暗示，
不论是真是假，实际上都欺骗了你的潜意识。你也许已经
接受了某种明显不真实的东西。所以现在你要做同样的事。
你的潜意识是可以用意志去影响的；跟小孩子的游戏一样
简单。一旦它像你所希望的那样受到了影响，你就能够予
取予求，想从生命中得到什么就能得到什么。原因何在？
因为你的潜意识将会相信你能够获得所有这些东西。它将

接受它们是真实的，就好比现在它接受你不能从生命中得到更多的东西一样。这与我前面所说密切关联，人就是存储在其潜意识里的想法的反映。

"最重要的事情，就是尽你所能地假装某物是真实的。那么，为什么这会对潜意识产生作用呢？这只是因为，尽管潜意识也许力量强大，但它区分不了真实和虚假。"

"是的，但是如果我的意识和潜意识发生了冲突，那会怎样？如果我的意识拒绝接受致富观念，又会怎样？"年轻人忍不住自己的疑问。

"**最好的解决办法就是重复。这种技巧通常被称为自我暗示**。我们每一个人在整个一生中都受暗示的影响。每一天我们都被内在和外在的暗示所影响。我们每个人心中持续进行的内在独白，都在不断塑造着我们的生活。**有些人不停地告诉自己，我们将永远不会成功，因为我们来自于失败者家庭，或者因为我们有明显的失败记录，或者因为**

我们自认为没有受到足够的教育，或者没有足够的金钱、技能、智力或管理能力，以及好运气等诸如此类的理由。所以我们从一个失败走向另一个失败，不是因为我们没有取得成功的必备素质，而是因为我们就是这样不自觉地想象着自己，描绘着自己的未来的。

"有些人相信自己永远吸引不了异性，"老富翁接着说，"虽然他们有各种各样吸引人的特质，但异性离他们远远的，就像躲避瘟疫一样。他们的自我形象的力量，即无意识的反映，要对此负责。是它营造出了让其他人对他们唯恐避之不及的环境。

"负面信息的重复，对我们的生活具有非常大的影响，但可以以不同的方式加以利用。这就是我们所要做的。潜意识是一个能够主宰我们的奴隶，因为它非常强大。但它也是盲目的，你必须学会怎么去欺骗它。"

年轻人没有完全听懂老富翁所说的一切，不过他渴望多知道一些。

　　"这个理论的美妙之处就是：运用它的时候你并不需要真的相信它，"老富翁说。"但若要获得成效，你就必须付诸实践，要知道成效不会神奇地自动出现。一切东西，正如我所说的，都取决于重复。就算你一开始并不相信，那也不妨试试——至少试那么几天，足够让你开始感受到它的效果。

　　"这也许听起来很简单，但是我要告诉你，它是世界上最有效的秘密。言辞具有极其巨大的力量。记住《约翰福音》中的第一句话："太初便有神言。"自我暗示在我们的生活中起着重要的作用。如果你仍对它茫然无知，它往往会与你作对。但如果你决定加以运用，它所拥有的巨大力量将任凭你使用。"

　　"嗯，我想你已经说服我去尝试了，"年轻人说，"虽然实话告诉你，我心中还是有些怀疑的。"

"没关系。只要记得把你的判断建立在结果，而不是理智标准的基础上就行了。现在跟我来，我教给你要做什么。"

11 part

一点一点靠近秘密

年轻人表示赞同，此时的他心潮澎湃，沉浸在对掌握自己命运的憧憬之中。

老富翁在桌子旁边坐下，并邀请年轻人也坐过来。他拿出几张纸和一支笔，然后在纸上写了一些数字。

"你要重复的致富秘诀可以看起来像这个。"他说道。他写的是：到本年年底我将拥有价值 31250 美元的资产。未来五年我要使这些资产每年翻番，这样，到（他在这里留了个空）年，我将成为百万富翁。"

"你千万不要把资产和收入搞混了，"他告诉年轻人，"所谓资产，就是在支付当前的账单和税费后的余额，可以包括房地产投资、股票或债券，银行储蓄或共同基金，黄金、艺术品、珠宝、有价值的收藏品等。现在，如果你想用六年时间成为百万富翁——这是我提议的现实目标——你的致富秘密必须建立在这个模板上。如果你到第一年年底拥有价值 31250 美元的资产，你就必须每年使之翻番。这样，你六年内将成为百万富翁！

"为什么要使你的资产每年翻番呢？因为这是一个简单

的做法，你的潜意识可以轻松处理。而且对你来说要记住很容易，它还能保证你资产的持续增长。

"如果你仍觉得这个起点过于雄心勃勃的话，那就再给自己一年时间。七年内成为百万富翁仍然是相当不错的嘛！这样，你第一年的目标将是拥有 15625 美元的资产。请相信我，这绝不是遥不可及的。如果你相信自己到第一年年底能够拥有一个价值 15625 美元的'会下蛋的母鸡'，你就会拥有它。

"现在，如果这个还是显得过于雄心勃勃，那就再给自己一年，八年好了。那么，你第一年的目标将是 7812.50 美元。

"记住你的致富秘诀：我将在（写上年月，比如六年、七年或八年的时间）之内成为百万富翁。你还得给自己设定短期目标，作为在通往致富之路的旅程中帮助激发自己的阶段性目标。其中，年度目标至关重要。

　　"然而，最重要的事情，"他告诉他的这个正在紧张聆听的学生，"是把你的目标写在纸上。拿出一支笔，随便写上一些数额和年份。不要害怕；这不会给你造成任何伤害的。当你这样摆弄这些数字的时候，你会对它们越来越熟悉。成千上万的人都想发财致富，但是，主动描绘出为达到目标而准备采取的路线图的，百中无一。那么定下你的计划和路线图，推测未来，直至你找到了适合你的计划为止，它将会是你的计划。

　　"请参考我提供的用以寻找灵感的例子，然后任凭自己的想象力肆意驰骋。要致富就必须从梦想出发。然后你必须知道怎么使你的梦想具体化，把梦想转变成具体的金额和日期。事实上，这应该是你做的第一个练习。摆弄一下数字，你很快就会看到，这个小游戏将向你揭示自己到底是什么样的人。

　　"把目标、最后期限和金额落实到纸面上，这个简单的动作是你迈出的第一步，把你的理想转变为等价的物质。"

老人清了清嗓子，继续说道：

"任何想要坚持这个雄心，在五到十年内成为百万富翁的人，都必须注意以下事实：如果他目前每年赚 35000 美元，每年加薪比如说 5% 或 10%，但预计无法赚得更多，如果他只能存下其中的一小部分进行投资，那么他就永远成不了百万富翁，假如他仍从事这个工作而别无其他副业的话。

"这里面没有什么不好理解的；它纯粹是客观的观察。使你的财富每年翻番或者使你的资产在前一年的基础上增值，这个秘诀显然不是成为百万富翁的唯一途径。然而，其中包含的秘密，即量化的目标（金额及达成的期限），对于任何想要以某种方式成功的人都是有效的。

"比如，你可能只想自己的收入每年提高 1 万美元。如果现在挣 35000 美元，那你大概希望来年挣到 45000 美元，可以多买些奢侈品。或者，也许你现在挣 45000 美元，希望来年挣到 55000 美元，使自己能够换一套好一点的房子，而不用对增加的月供担心。或者，你可能希望能够买得起一辆新车，一辆稍微豪华点的小轿车。

"要做到这个，只需对自己简单地重复：今年我要使收入增加 1 万美元，我将挣到 45000 美元。

"你不必知道自己将如何做到，而只需认识到，如果你所能指望的是现在的工作每年加薪百分之十，而且不想披星戴月地工作，那么你就必须获得晋升，或者换个工作才能达到你的目标。这一点看起来也许再明显不过了，但成千上万的人希望改善自己的物质条件，却又什么都不想做。这是愚昧无知，还是因为他们基本上满足于现状，即使他们每天抱怨这个抱怨那个的？

"一旦你发现需要对自己的生活作出某种改变来实现你的目标，你也许会告诉自己，并没有看到其他什么好机会啊。你可能想知道，自己到底该怎样做才能赚到所需的那 1

万美元。别担心，这并不是一个十分困难的问题。只要把
你那个适当地写下了某某数额和期限的目标填满潜意识就
行了。剩下的事你的潜意识会尽职尽责地去做。然后随时
保持警惕。既然你已经知道事情不会自己变好，所以当机
会出现时，要毫不犹豫地抓住它。别让自己被恐惧吓得不
知所措，恐惧往往使很多人实现不了自己的梦想。如果什
么都不做，就是有机会，也会与你擦肩而过，这个你知道
的。所以，你必须毫不犹豫地采取必要的步骤来实现你的
目标。

"若加以正确引导，潜意识将为你创造奇迹。如果你向
它发出命令，要使你的收入增加 1 万美元，它就一定会执
行。要每天提醒它，让你的任务变成让潜意识着迷的宏
图。就像一枚遥控导弹，它将克服一路上的所有障碍，击
中目标。"

"那么，目标是什么呢？"他继续说道，"什么时候引爆
导弹？目标是 1 万美元，引爆日期是从现在开始的一年时

间。这就是潜意识及量化目标的神奇力量。

"设立目标时，要记住大多数人都过于保守。他们不相信自己的能力。"

"几年前，"他低声对年轻人耳语，就像怕别人听到似的，"我思考着给我名下的一家公司招聘一位执行董事。我合计着准备给他提供 10 万美元的年薪。当谈到他的薪水时，他用一种相当紧张、几乎蛮横的声音告诉我：'我不接受任何低于 7 万美元的年薪。'

"我故意沉默了很长一段时间才开口说话，就好像经过激烈的思想斗争，我终于作出了重大让步：'鉴于您的背景，7 万美元年薪我同意。'

"就算他要求 8 万美元，甚至 9 万美元，我也会给他的。事实上，整个面试过程已经让我大喜过望了，我本来甚至可以出到 12 万美元的。

"所以，我面试的那个人在几分钟的时间里就损失了至
少 3 万美元。这是一大笔钱。他损失了这么多钱，仅仅是
因为他不相信自己一年值 10 万美元。我必须承认，在听到
他说出薪水的期望值之后，我犹豫了一会儿，几乎考虑不
录用他。要说评估他的价值，他本人是再适合不过的人了。
他告诉我，他的管理才能只值 7 万美元，而我要找的是身
价 10 万美元的人。我是不是找错了人？事实证明，我做出
雇佣的选择是正确的，我也省了很多钱。他的问题在于缺
乏自信，从而低估了自己的价值。后来的那些年，他逐步
克服了这个问题，害得我给他加了大笔的薪水。但花这些
钱是值得的。

"从这个简单的例子中你应该记住的是，我对待这个经
理就像生活对待我们每个人一样。我们从生活中期望多
少，生活就会给予我们多少。不多也不少。然而，我们往
往会忘记，通常生活愿意给予我们的，要比我们意识到的
多得多。

"我已经说了很多了，"老富翁说，"你对这一切是怎么想的，年轻人？"

"听起来好像不可思议。"年轻人兴奋地回答。

"可恰恰是这个简单的小方法，而不是其他方法，"百万富翁回答说，"帮助我成为了百万富翁，它对于所有与我分享了它的人也同样有效。"

"我已经说过，言辞是具有极大能量的媒介。你的个性变得越强，你说出的言语就越有效。你所肯定的一切，经过内在深层信念的滋养及重复之火的强化之后，将越来越快地成为现实。

"你必须做这个练习。没有人可以替你做。从早到晚，你必须大声重复你的口诀至少50遍。可能的话多重复几遍，甚至一天一百遍。这本身就是一项运动。头几次，我躺着念，同时轮流用手指在床头上敲击来计数，两手各5

117

次。这需要练习。

　　"开始的时候，你会发现并不是那么简单。心智容易转移到别的东西上。重复 10 次之后，就会开始想别的事情了。这时就要把心收回来，从头开始，直至能达到 50 次，因为如果你连这样一种基本的纪律都不能遵守，你最好放弃致富的梦想。

　　"这就是我给你的挑战，年轻的朋友。我知道你能做到。你需要做的就是坚持不懈。"

　　"为什么要大声重复口诀呢？"

　　"这样能更强烈地影响你的心灵。你向潜意识发出的命令就好像是来自外部，因此听起来更威严。用单调的声音念，就像是咒语或经文，仿佛佛教徒念经那样。到一定的时候，口诀就具有生命了。

"一开始，对于自己的声音及重复口诀的行为，你可能会觉得有点难为情。但慢慢地，你会习惯的。你为自己设立的目标，最初似乎很狂妄，但不久之后就显得可以实现，甚至很容易实现。"

"我担心到时候我会觉得太荒谬而不禁会笑起来。"年轻人不自信地说道。

"尤其在这些时候你必须坚持住。你必须克服你的怀疑。想一想我，就是一个活生生的例子。即使我在离这儿很远的花园里，我的力量也将与你同在。在你有所怀疑的时候，想一想我对你的承诺。你会成功的。"

"您确定？"年轻人问道，仍未完全信服。

"我为什么要有任何疑问？你会很快成为一个像我这样的百万富翁的。你会最终成为百万富翁，只是时间早晚而已。在你的心灵里你很快就会是一位百万富翁，这才是最重要的。"

"但是我现在不名一文……"

"不断重复口诀。你会看到你的内在一点一点地发生变化。你的目标会变得越来越自然。它会成为你生命的一部分，就像你那个狭窄的自我形象，它到目前为止已是你不可分割的一部分，其实是你想象力的陈旧片段。你的心智在过去构想出的东西现在是可以改造的，所以你能够按你想要的方式塑造你的未来。你将最终成为自己命运的主人。这岂不是甚至在我们承认梦想可能实现之前，我们心中那隐秘的梦想吗？"

年轻人表示赞同，此时的他心潮澎湃，沉浸在对掌握自己命运的憧憬之中：老人的话意义深远，要远比他最初所相信的大得多。当然，他的方式有点奇怪。但兴许能起作用也说不定呢。

12part

如果明天你死掉，你会做什么

"我的生命刚开始不久，还长着呢，你却在这里跟我谈论死亡，就仿佛死亡近在眼前。"年轻人不满地抗议着。

"为了给你提供更多的帮助和支持，"老富翁告诉这名年轻的学生，"我要教给你另一个更通用的口诀。你的一生都将获得巨大的好处。它将使你内内外外都焕然一新。事实上，它将使你能够获得真正的财富，而不只是有形的物质财富。真正的财富要比这广泛得多。

"**致富口诀能够使你实现甚至很可能超越你的财务目标。可是，在你追求财富的过程中，决不能忽视一个事实，即，如果失去了幸福，你就失去了一切。对金钱的追逐很容易使人执迷，让你无法享受生活。俗话说得好：'若一个人得到了整个世界，却失去了自己的灵魂，这对他又有何益？'金钱可以是绝佳的仆人，但却会是残暴的主人。**"

"您的意思是说幸福和金钱不能共存？"

"事情远不是这样，但是你必须时刻保持警惕，不要让金钱蒙蔽了自己的双眼。约翰·洛克菲勒①是世界巨富之一，因为他过于操心，被担忧压垮，以致 50 岁的时候就老得不成样子了。他的胃全搞坏了，只能吃面包和牛奶。他每时每刻都处在忧虑之中：害怕失去金钱，担心同伴背叛。金钱已经成为他的主人，他不再能从中获得快乐了。在某种意义上，一个能够享受美餐的小小办公室职员都比他富有。"

"我该怎么办？在你拎着财富在我眼前晃来晃去的同时，"年轻人说，"你也在设法吓唬我呀。"

"但这并不是我的本意，"老富翁答道，"我即将教给你的口诀，可以帮助你逃过许多财富追逐者掉进过的陷阱。穷人为达目的拼命地工作。他们挣到的第一笔钱会引发他们内心深处的野心，使他们的渴望越来越多。可是当他们

---

① 约翰·洛克菲勒（1839—1937），美国石油大亨，20 世纪第一个亿万富翁。为人极为沉默寡言、神秘莫测，一生都在各种不同角色和层层神话的掩饰下度过。在福布斯网站公布过的"美国史上 15 大富豪"排行榜上名列榜首。

开始赚大钱时，他们就变了，变得害怕失去金钱。

"这个口诀是著名医生爱弥儿·柯尔①为他诊所的病人设计的：每一天，在每一方面，我都越来越好。每天早晚大声重复这个口诀五十次，白天则越多越好。你越常重复它，它对你的影响就越大。"

年轻人禁不住想到，坐在身边的老人应该是他这辈子所见过的第一个真正幸福的人。

"大多数人想要幸福，"老富翁说，"但是他们不知道自己到底在找什么。所以不可避免地，他们至死都没有找到幸福。就算他们确实找到了，他们又怎么能分辨得出来？他们跟追逐财富的人一样。他们真正想要的是钱。但如果突然问他们希望一年内挣多少钱，大多数人都回答不出来。

① 爱弥儿·柯尔（1859—1926），法国心理学家、医生、成功学家、幸福学家、教育家。在欧美巡讲多年，场场爆满，欧美人像朝见耶稣一样聆听这位科学家的演讲。他所发明的心理暗示与自我暗示方法被称为柯尔效应。

如果到哪儿去都不知道，一般来说是哪儿都到不了的。"

　　这句话对年轻人就如同醍醐灌顶。太简单不过了，自己以前为什么就从来没想到过呢？他从来没有花时间去想清楚自己要什么，去真正地全面思考。他心里暗暗发誓：自己将来要进行更多的思考，随时思考自己这一生中重要的事情。这样可以避免许多的错误。

　　"当然，幸福有无数种不同的界定方式，"老富翁说，"对我们每个人来说，乃至对于我们这些对幸福做了大量思考的人来说，幸福都被解读为各种各样的东西。不过，我会给你打开幸福之门的钥匙。有了这把钥匙，你就能够一扫心中的疑虑，知道在你一生中的任何时候是否幸福，是否正在做让自己幸福的事情。扪心自问：假如我今天晚上就死了，我能否告诉自己，在死亡的那一刻，我已经完成了那一天要做的所有事情？

　　"如果你的内在自我觉得你做完了每一天应该做的所有

事情，那么不管哪一天离开这个世界，你都会了无遗憾。要完全确信自己是在做自己应该做的事情，你就必须做自己喜爱做的。不做自己喜爱做的事的人是不幸福的。他们把时间浪费在白日梦上，空想着他们要做的事。当人们不幸福的时候，是不会坦然面对死亡那一刻的。"

"我的生命刚开始不久，还长着呢，你却在这里跟我谈论死亡，就仿佛死亡近在眼前。"年轻人不满地抗议着。

"我承认这种人生哲学乍听起来有点病态，然而这是百分之百的人生哲学。那些从不做自己真正喜欢做的事，已经放弃自己的梦想的人，可以说，他们属于活死人。要真正理解我的意思，那就真心实意地问问自己这个问题并给予回答。如果你说谎，你将只是欺骗自己，并成为这场游戏的失败者。如果你知道自己明天将面对死亡，那你不会改变今天的计划吗？你难道不会有应该做其他事的冲动，而不是你迄今一直在做的事情？"

"我相信我会的。"

"你大概会先做必要的安排：写一个遗嘱，如果你还没写的话，并跟你的亲朋好友道别。且让我们假设，做所有这些只花了一个小时。剩下的 23 个小时你会做什么？如果向你认识的每一个人问这个问题。他们的回答可以分为两类。未享受生活、不幸福的人会告诉你，他们会做完全不同的事情。既然只剩下 24 小时可活，那他们为什么还要继续做那些他们讨厌的事情？

"第二类人呢，"他继续道，"不幸的是他们属于少数，他们会像以前一样，继续做他们生命中的每一天通常会做的事情。他们为什么要作出改变呢？他们的工作是他们的热爱。他们会一直做到他们离开人世的那刻，这不是相当可以理解的吗？巴赫就属于这一类人。临终之时，他还在床上修改他的最后一章乐曲。他是个音乐天才，其实，在我们自己的行业中，我们每一个人都可以成为天才，哪怕未被社会认可。成为天才，只是意味着做自己喜欢做的事情，这才是生活的真谛。平庸就是从来不敢做自己所爱的事情，因为害怕别人会说这个说那个，或是因为害怕失去安全感。"

"安全感往往是一种错觉，对不对？"年轻人问道。

"没错。所以问问你自己这个问题：如果明天就会死，我会用生命的最后几个小时做什么？我会同意继续做真实自我的影子，缺乏自尊自重，强迫自己去做讨厌的事情吗？想象你邀请朋友到家里来帮忙做一些家务，你会把最肮脏的活儿给朋友干吗？当然不会。所以，为什么要强迫自己去做一些作践自己的事呢？为什么要成为你自己最恶劣的敌人？为什么不去做你自己最要好的朋友？"

经过短暂的沉寂，老富翁直接向年轻人发问："如果明天就会死，你会做什么？你会做自己一直在做的事情吗？"

"不，我不会。"

"现在，考虑一下下面的问题：相信自己明天一定不会死，你不觉得这种想法太狂妄了吗？"

年轻人感到困惑。这位老人经常表现出一种不可思议的洞穿未来的能力——难道他现在正在宣布自己死期不远了吗？老富翁似乎读懂了他的心思。

"别担心，"他说，显然被逗笑了，"你明天不会死。你会活到很大年纪的。现在请允许我继续我的推导。人们相信他们总是能够拥有他们未来整个的人生，你不觉得这种想法太狂妄吗？在很多情况下，死亡都是突如其来，毫无征兆的。但是人们虚构出他们在将来还有大把时间的假象，不断地推迟他们本应做出的决定。他们告诉自己：'我还有时间。我以后再去办正事。'就这样，当年老体衰的时候，他们才发现自己一事无成。"

"这让我想起我听到过的一个说法：'年少懵懂无知，年老无能为力。'"年轻人说。

"一点儿没错！因此，幸福的秘密，就是把每一天当做你的最后一天来过。尽情做自己想做的事，使每一天过得完满充实。假如来日屈指可数，你会做些什么呢？因为，基本上，情况就是这样。我们总是在来日无多的时候，似乎才意识到这一点。那就太迟了。所以你必须勇于立即采取行动。时刻谨记这样的想法：若没有勇气去做自己想做的事，我就拒绝赴死。我不想带着社会欺骗了我、战胜了我、摧毁了我的梦想这类骇人听闻的想法去死。在死亡的时候，一定不要带着这样可怕的感觉：你的恐惧压倒了你的梦想，你从来也没有找到真正的热爱。你必须知道如何无畏地生活。"

"我完全同意你的说法，"年轻人说，"但假如我不能绝对确信自己是否真的喜欢正在做的事情，那会怎样？我不知道哪种工作是可以完全没有麻烦的。"

"你说得完全正确。即使是能够点燃你的激情的工作，也有其消极的方面。但是为了找出你的工作是否真的让你

愉悦，那就问问自己这个问题：如果此时此刻，我拥有
一百万美元的银行存款，我会继续做目前的工作吗？显然，
如果你的回答是否定的，那就说明你还不够喜欢它。请告
诉我，如果突然成为百万富翁，会有多少人继续从事以前
的工作？应该是少之又少吧。对这个问题给予肯定回答的
人，通常已经是百万富翁了。就我所知，大多数百万富翁
都拒绝退休。他们继续工作到晚年。我甚至可以说，所有
的百万富翁，至少是所有白手起家的百万富翁，恰恰是由
于热爱自己的工作，才创造了自己的财富。

　　"我的推导转了一圈，回到了起点，"老富翁说，"要成
为百万富翁，你就必须喜爱自己的工作。那些仍在从事其
讨厌的工作的人，受到了双重惩罚。他们不仅看不清自己
的工作，而且更糟的是，他们的工作甚至不能使他们富有。
事实上，大多数人都被困在这个奇怪的悖论之中不能自拔，
消耗着他们的生命。原因在哪儿呢？因为他们不知道真正
的成功法则，也由于恐惧。他们寄希望于抓住某种不过尔

尔的安全感，实则浪费着他们的生命，丧失了他们真正致
富的机会。他们相信财富是给别人预留的，或者他们缺乏
必要的才能。为什么他们被引诱到会自欺欺人地相信这些
幻想的地步呢？因为他们的心灵未受正确的影响，而看不
透现实，看不出自己的信念那是一种错觉。记住这句格
言：'人格等于命运。'强化你的心灵，外界环境将屈从于
你的渴望，你就能够控制你自己的生命。"

"你一直都幸福吗？"年轻人问。

"不，一点儿也不。有些时候实在是太痛苦了。我的脑
海中甚至突然闪现过自杀的念头。但是有一天，我也遇到
了一个古怪的老富翁，他倾囊相授，把我今天告诉你的一
切几乎都教给了我。一开始我也疑虑重重，我无法相信这
个理论可以应用在我身上，尽管他就是活生生的例子，证
明这个理论是管用的。但是，因为我之前试过种种办法但
仍然一无所成，既然现在没有什么好失去的，不妨死马当
活马医，我愿意试一试。我当时三十岁，觉得我在浪费自

己的生命，仿佛各种各样的东西都从我的手指缝间溜走。"

"我确信你今天一定不后悔当时采纳了那个建议。"

"他经常说我能够成为我生命的主人，控制生命中所发生的一切。但是我从不相信他的话；这种话听起来就像是科幻小说。过了一段时间，有一天，在听到他翻来覆去地重复这同样的话之后，我告诉自己兴许他是对的。也许生活并不是我所一直认为的那样，如果掌握了自己的心灵就可以控制自己的命运，这也许是可能的。不久，我也开始那么想了；换句话说，我的心灵在发生一场革命。这一切的发生，只是在我花了相当多的时间重复下面的话之后：每一天，在每个方面，我都会越来越好。

"我的老师还教了我一个口诀，在我看来——至少就我个人的经验来看，觉得它更加强大，我觉得应该大力推荐给你。这有点宗教的性质，会让一些人敬而远之。这真令人遗憾，因为它对心灵具有无法估量的影响。重复这个口诀，能够在我感到焦虑或紧张时让我冷静下来，在我急需答案时给我带来答案。内心平静是力量的最大显现。

"心如止水，每天尽可能多地重复这个口诀。它将带给你平静的感觉，这对于度过生命的跌宕起伏，是很有必要的。当我的导师向我揭示这个口诀时，他说这个是世上一切秘密中最宝贵的。这是他留给我的精神遗产，也是我留给你的。

"重复这个口诀，在开始的时候我也有种稀奇古怪的感觉，但通过这种方式，我发展了一种新的内在力量。这种力量这些年来从不停歇地成长，它一直提醒着我那位老百万富翁一再向我念叨的话：我无所不能；只要我成为了自己命运的主人，就没有什么不可能的。所以，渐渐地，我使自己相信了，只要我想去哪里，就能把我的生命之船驶向哪里。我一直在应用这个口诀，我也希望你做同样的事。"

13part

你心里住着你自己的上帝

这句肃穆苍凉的话让年轻人一时悲哀起来。这已不是老富翁第一次作这样的暗示了……

"你已经迈出了第一步，"老富翁解释说，"即，写下了成功的口诀和量化目标：一个数额和最后期限。现在是第二步：拿出一张纸，写下你想从生命中获得的任何东西。若要梦想成真，你的梦想就必须准确。我将告诉你我当初提出了什么要求。那是多年前的事了，所以我要把那个金额转换为今天的美元数：

"下面是我当初写下的五年内的财务目标：

· 一栋房子，价值 75 万美元。

· 在乡下购置第二栋住宅，价值 50 万美元。

· 一辆新宝马车，价值 8 万美元。

· 一辆改造过的老奔驰车，价值 5 万美元。

· 不再有个人债务。

· 50 万美元的现金和其他流动资产。

· 50 万美元的股票和其他投资。

· 50 万美元的不动产投资，自购置之日起 5 年内升值至 300 万美元。

"我的非财务目标是：

· 一年至少三次，每次两个星期的休假，休假时间由自己决定。

· 自己当老板，一个星期的工作时间不超过 30 个小时。

· 结交生意和艺术方面的聪明朋友。

· 有一个可爱迷人的妻子，一群漂亮的孩子，过充满天伦之乐的家庭生活。

· 雇一个女仆兼厨师，使我们免于日常家务。"

年轻人一时间陶醉在老富翁刚刚描绘的美景之中。

"听起来好得不像是真的，对不对？"老富翁说，"当我列出自己愿望的时候，我也觉得自己有点过分。但我的这种犹豫和恐惧要归结于消极的心态及根深蒂固地习惯于狭隘的眼光。我这样做连自己都没意识到。

"列出这样一个表，你就可以准确地发现自己看待事物的狭隘眼光。那些认为这种人生规划无法实现的人，完全是由于眼光的狭隘。世界上的一切都是相对的，这个野心根本算不上过分。如果富人们不得不满足于我刚才拟出的微不足道的东西，大多数富人都将郁郁寡欢。很多富人住在价值数百万美元的房子里，雇有数十个仆人，拥有自己的农场、私人飞机、热带岛屿，还有赛马场等。他们中的许多人甚至不认为自己有钱！任何情况下都算不上那么有钱，因为总是有比他们更有钱的朋友或商业伙伴。

"为什么他们认为这种生活方式平平常常呢？要么他们生下来就有钱，要么他们志向高远，并成功地实现了他们的梦想。**他们从不相信自己做不到。如果你一开始就有自己做不到的想法，你就立刻阻碍了自己的前进之路。**

"所以，现在就做这个练习。写下你想从生命中得到什么，越细越好，不要有任何顾忌。它将向你展示你的雄心和心灵的极限。你真正梦想什么？你会满意于什么？写得越详尽越好，这一点很重要。唯一要避免的，是选择某个

既定的具体房子作为你的梦想之家，因为那栋房子可能永
远也卖不出去，这样的话，尽管你的愿望和意志力量强大，
你也存在着永远也看不到自己梦想成真的风险。不过除此
之外，要尽可能地明确。

"还有另一件重要的事要考虑，那就是你的梦想有可能对
他人造成伤害。**要时刻谨记，如果你的目标对任何人有害，那
么，出于对自己和他人的利益的考虑，这样的目标必须避免。**

"这样的描述日后将向你显现真正的你。它将变成你的
愿望的具体形象，你的想法是活生生的。你的描述越明确，
就越有机会实现，细节非常重要。你的想法将会以神奇的、
意想不到的方式，经过有规律的滋养，营造出使之成为现
实的环境。"

年轻人有点半信半疑。

"我知道这一切听起来显得不切实际，"老富翁说，"但

正如我告诉你的，你的意识变得越强大，你就越明白没有什么是不可能的。奇迹会发生的。你难道不觉得，相对而言，实现一个拥有 75 万美元房子的梦想实际上是一个很平凡的成就吗？你难道不相信心灵要比许多人所认为的强大得多？不管人们是否相信，请记住耶稣说的话："信念可以移山。"

"要有效地运用你的心灵，你就必须开始相信心灵的力量。它有可能像我告诉你的那样强大有力，你至少要对这种可能性持开放态度。所以，写下你的期望吧。"

"我要花点时间想一想。"年轻人说。

"这很好。想想我刚才告诉你的东西。你已经部分相信我的话了。你内心那高度创造性的部分虽然被多年错误的教育和不幸的经历蒙蔽了，但它仍是活的，它不过是在等待你发出信号。一旦收到信号，它将向你展示如何成为你自己存在的主人和主宰，而不是备受折磨的无助地随波逐流的奴隶。为此，你必须学会倾听沉睡在心灵深处的细微的声音，给它更多的自由来表达自己。这就是你的直觉，你的灵魂的声音。这是接通你的秘密力量的方法。越是经常重复口诀'心如止水，我是我自己的上帝'，你内心的声音就变得越强大，就越肯定它会给你指引方向。"

年轻人听到了这么多东西，感到有点消化不了；他准备休息一下。

"来，"老富翁说，"我们放松一下，到花园里走一走。我喜欢和我的朋友在这里做我最后的散步。"

这句肃穆苍凉的话让年轻人一时悲哀起来。这已不是老富翁第一次作这样的暗示了……

14 part

终于发现玫瑰花园的秘密

他停顿了一下，喝了一口红酒，细细地品味起来。他合上双眼，显露出一种宗教般崇敬的神态。

一路上，两人在花园里默默地走着，直到老富翁在一丛花朵怒放的玫瑰前停住脚步。

"我闻这些玫瑰的花香肯定有几千次了，可是每一次都有不同的体验。你知道为什么吗？因为我已经学会活在当下。忘掉过去，不要太在意未来。秘密就在心灵的专注上——凝神、沉思、冥想——已经有很多词语用来描述它了。越聚焦于正在做的事情，专注于你面前的任务、人或物，你就越活在当下。**这种聚焦，这种专注，是生命的各方面成功的关键。注意力越专注，就能够越快捷、越高效地工作，就越能发现被别人忽视的细节。**"

"所有富有和成功的人都学会了关注细节吗？"

"的确如此。通过提高你自己的专注力，你就能够明智地进行观察，从而做出正确的判断。你将学会准确地判断你所遇到的人。你的专注力将使你一眼就能够发现他们是什么样的人。你将成为下面这句话真正意义上的鲜活例证：

洞穿事物的本质。

"大多数人总是不断分心，像梦游一般度过一生。他们没有真正地去看事物或遇到的人。他们好像活在梦中。他们从来不是活在当下。他们的错误和失败困扰着他们。他们的心灵充满了对未来的恐惧。"

"我有一种感觉，专注，正如您刚才描述的，是相当难做到的。"

"这就需要训练了，并不是每一个人在这上面都能成功。但是，当你的心灵达到适当专注水平的时候，你解决问题的能力将强大无比。你就能越过让大多数人忧心、棘手的问题。不要把你的精神力量浪费在咬指甲上，而是用来解决问题。由于忧虑从来解决不了任何问题——它只会导致胃溃疡和心脏病。

"随着你专注力的提高，你的自我形象将会改变。每个人都是一个谜；不幸的是，我们有许多人不仅对别人是谜，而且对我们自己也是谜。这源于专注的缺乏。"

年轻人聚精会神地听着。

"由于专注，你就会懂得为什么自己被放在你目前所处的位置，放在这个确切的地方。这一点在你看来会显得越来越清晰，越来越明显。你的心灵将会被灌注以各种十分平静、确实的想法，你会惊呼起来，就好像自己经过长时间的沉睡之后醒来，"啊！这就是我。这就是为什么我这一刻在这儿。这就是为什么我跟某某人在一起。这就是为什么我在做手头的事情"。你将体验到一种可以被称为命运感的东西。你将懂得自己的命运。你的内心说，接受吧。这并不意味着自己任凭命运摆布，而是因为你将心如明镜般看到你现在所处的位置，你会接受它，你会分辨出这是你个人的起点。这将帮助你知道你未来的事业，并让你把自己的命运牢牢地掌握在自己的手中。"

老富翁慢慢弯下腰，吸了一口玫瑰的香气。

"玫瑰是生命的象征。上面的刺代表着人生经历的各种
考验和磨难：我们每一个人必须经历考验和磨难，才能懂得
真正的存在之美。"

他从口袋里拿出一把剪刀，剪下一枝玫瑰，递给身边
年轻的同伴。

"随身带着这枝玫瑰吧，"他说，"它将作为你的护身
符，给你带来好运。幸运女神是存在的。信任她，用你的
想法抚慰她。你想要什么就问她，她会回应的。所有成功
的人都相信运气，只是形式不同罢了。

"有了这枝单纯的玫瑰，你就是个新人，加入玫瑰社团
了。每当你觉得有需要时，那就找出这枝玫瑰。它将给予
你力量。每当你怀疑自己，每当生活显得太难以承受时，
那就回到这个象征性的玫瑰前，记起它所代表的东西。每

一个考验、每一个问题、每一个错误，有朝一日都将变成了盛放的花瓣。

"每天，留出一些时间专注于玫瑰的花蕊。平静地对自己重复着：心如止水，我是自己的上帝。重复这口诀的时候，凝视着玫瑰，时间逐渐延长，等到你能够做到 20 分钟，你的专注力将会得到极大的提高。

"当你的心变得像这枝玫瑰时，你的生命也将得到升华。"

年轻人吸了一口玫瑰那若有若无的香气。

"我重复一遍刚才说过的话，这样你一定能记住。当你的心灵通过专注练习变得强大而自信的时候，你会认识到，生命的问题就不再困扰你了。你将懂得，仅当心灵相信事情重要时，它们才是重要的。一个问题，仅当你认为是问题时，它才成其为问题。

"**你的心灵越强大，你的问题就越显得渺小。这是内心**

平静的源泉，所以专注吧。这是通往成功最大的一把钥匙。

"一切生命是一种增强心灵的修炼。灵魂是不朽的。我们从一种生命轮回到另一种生命，心灵慢慢地发现自己并成长着。这种修炼过程通常是一个漫长的过程。在实现目标方面只获得适度成功的人，尚须修炼到较高的专注水平。或许，并不是每一个成功的人士在特定的专注练习的修炼上都达到了某种程度。但是，纵观世上的许多生命，他们都达到了一定程度的专注，这使得他们比其他人更容易成功。当你的心灵达到最高的专注水平时，你将进入奇异的境界，在那里梦想与现实合二为一。"

老富翁和年轻人转过身，朝房屋走去。天空变暗，阴云密布，给整栋房子投下了阴影。他们走进餐厅，老人点燃了一盏枝状大烛台，然后走到窗前，拉开帘子，抬头仰望着天空。

"始终要记住，在某个高度之上，就根本没有什么风雨

雷电了。如果你的生活中还有云，那是因为你的灵魂飞得还不够高。

"很多人犯下的错误是与问题作斗争。而你所必须做的，是将自己一劳永逸地提升到那些问题之上。玫瑰的花蕊将引导你站到云层之上，那里的天空永远是清新碧蓝的。不要把时间浪费在追逐云层上；它们是会不断涌现的……"

老富翁和年轻人坐在餐桌旁。管家带着面包和酒进来了。

"有件事困惑我很久了，"年轻人说，"我的确相信你说的一切都是真的。我现在相信，如果我应用了你给我的口诀，就可以很快成为百万富翁，甚至达到心灵的平静。可我还是不知道自己能够在哪个领域致富。"

他的顾虑显然让老富翁感到好笑。

"你必须对生命和自己的心灵力量寄予信任，"他说，"别担心。先设定目标，然后要求内心深处的潜意识来引导

你走向致富之路。先提要求，然后等待。无须多长时间，
答案就会出现。"

年轻人很失望地看着老人，希望得到稍微明确点的答案。

老富翁同情地叹了口气，很快补充道："你必须找到
让你的心满意的职业。好好想一想。所有使你愉悦的职业
要素其实已经在你心中了，你只是看不出来罢了，因为你
还没有跟你的真实本性合上拍子。只要你继续专注，你的
真实本性就会逐渐显现，你需要的每一个答案自然会浮现。
最妙的是，你将会发现大多数人穷尽一生苦苦追寻却从来
没有得到的东西：人存在于世的神秘目的。你将不仅用你
的头脑，而且用你的心去领悟。

"你还有最重要的东西要通过专注于玫瑰的花蕊去获
得。你将在那里发现你的存在的一切和终极意义。到时候，
你自然会懂得这个的。"

他停顿了一下，喝了一口红酒，细细地品味起来。他合上双眼，显露出一种宗教般崇敬的神态。

"我知道自己要从某个行业开始，"年轻人说，"可是我能从哪儿得到这笔创业的钱呢？我现在身无分文。"

"你需要多少钱？"

"我心里没底，至少 25000 美元吧。你当初就是用这么多钱起步的。"

"你应该能够找到这笔钱。多想一想，你能想到哪些可能的途径？"

"我一点都想不出。我不知道会有哪家银行愿意给我贷款。我没有抵押品，我的薪水每到月底就所剩无几，除了我那辆不值钱的破车，我没有任何其他财产……"

"你难道不能至少想一想去尝试什么？从何处开始？"

"真的不能……"

"这是一个你绝不应该再犯的错误。不要像很多人那样试都没试就打退堂鼓。这种方式就是什么都不做，也什么事都做不成。还有一类人，他们虽然采取了行动，但打心眼里相信自己不会成功，你不要重蹈这两类人的覆辙。要让你的想法和行动一致。与你自己和谐一致。"

"我很愿意，但我就是没有看到任何可能性。"

"你必须在开始时就坚信有解决办法——你问题的完美解决办法。你的心灵力量和目标的神奇之处总是会以意想不到的方式，把解决办法吸引到你面前。如果你内心相信你会成功，你就会成功。不要有任何怀疑。用你心灵所能唤起的所有力量去消除怀疑。怀疑和乐观在不停地冲突。坚决要与怀疑作斗争，因为怀疑像所有的想法一样，往往会在你的生命中实现。如果你坚持相信自己会得到贷款，你就会得到。

"以你目前的状况，你会做什么来达到你的目标，即得到贷款？"

"我真的不知道。"

"如果你只有很短的时间——比方说一个小时——让你筹集到 25000 美元来创业，你会怎么做？"

"我……我一点主意都没有……"

"站在你面前的就是个百万富翁，他刚刚鼓励你，告诉你他成功的秘密，你还不知道该怎么做吗？一点儿也想不出怎样得到这笔钱吗？"

年轻人心念一动，突然明白了。也许他唯一要做的就是向老富翁借钱。他犹豫了片刻，然后深深地吸了一口气。

"你愿意借给我所需的 25000 美元吗？"

"这就对了。这不是很简单吗？你要做的就是提出要求。很少有人敢提要求。你必须敢于提出要求。"

老富翁抽出那卷他用作零用钱的 25000 美元。他对这一沓厚厚的现金留恋地瞥了最后一眼，然后把钱递给年轻人。年轻人颤颤巍巍地接过钱，要知道他这辈子可从来没有拿过这么一大笔钱啊！

"绝没有理由认为你自己在未来赚钱要比我以前赚钱更难，"老人说，"不幸的是，人们太普遍地相信钱来之不易，必须努力工作才能得到。事实上，工作的价值是增强你心灵的力量。当你赚了很多钱——我向你保证如果你应用我教给你的秘诀，这一天是不会遥远的！等这一天来临的时候，你就会认识到，重要的是你的心态、你渴望的力量，以及能够借助明确的金钱目标引导这种力量。别忘了，外在的环境总是最终反映着你的心灵状态以及你内心最深层信念的本性。"

25000 美元在手让年轻人高兴得昏了头，他心不在焉地听着老富翁的建言。

"记住，年轻人，当你需要钱的时候，如果对自己可以轻易得到钱持积极态度，你就会得到。一旦你的头脑开始有所怀疑，那就回头想想你刚才得到的 25000 美元的方式，只需提出要求。如果你相信，每当提出要求的时候你就能得到所要求的东西，如果你假装它们已为你准备好了，你就会得到。

"当你确有疑虑，那就做一些自我暗示。把你的语言变成威严的命令。当你的心灵变得足够强大，那么每个暗示都将成为一道神圣的律令。你的言辞和现实将合二为一。你的命令转变为现实所花费的时间将变得越来越短，最后化为瞬间。

"时刻不能忘记考虑别人的利益，这样，言辞的力量才不会反过来与你作对。"

老富翁又停顿了一会儿。

"这笔钱,"他接着说,用手指了指那沓厚厚的钞票,"呃,我不是要借给你……"

他犹豫了一下,似乎被年轻人张口结舌的反应逗乐了。

"我不是要借给你,而是要送给你。我这样做,那一切就会完成了一个完整的循环。这笔钱是我的老师送给我用来创业的。不要把它用在任何其他用途上。不要学《圣经》中的那个人,把他的钱埋在地下,而不是让钱生钱。**不要让恐惧做你的向导,恐惧是你的大敌,是怀疑的兄弟,你必须战而胜之。要大胆而无畏。**任何人,若以谨慎或理性为借口,把已经赚到的钱埋起来,都不够格拥有这笔钱,而且也极不可能赚得更多的钱。钱必须自由流动起来才能增值。

"然而,我给你的钱,本质上是一笔贷款,"老富翁继续说，"有朝一日，你也必须要把它送给另一个人。许多年以后，你会遇到一个年轻人，处在你目前的境地。你会通过直觉认出他来。你必须把一笔与今天的这笔等值的钱给他。这样，他也可以用一笔足够的钱创业。要知道，到那个时候，它对你来说已经算不了多少钱了：不过是零用钱罢了。"

年轻人的内心充满了感激。他认真地点了点头表示同意，并向老人致以热烈的谢意。

"还有一件事你必须知道……"

老富翁说这话的时候，大雨开始倾盆而下。他看着外面的雨，一脸肃穆。"所有的迹象都出现了。"他喃喃地自言自语，然后他又对年轻人开口了：

"我刚才说了，有一件事你必须知道：**我传授给你的秘密，可以运用到你为自己设定的所有目标上。我积累了如**

此巨大的财富，其原因并不在于我对金钱那么感兴趣，它
不过是一种向没什么信念的男女展现心灵力量的方式。

"人类最宝贵的是自由，财富能够带来自由。了解这种
自由对你大有裨益。有了自由，许多的幻象都将在你面前
消失。你还将懂得，真正的自由是在无执上。只有两手空
空离去的人，才能照料那永恒的玫瑰。达到这种自由是我
存在的目的。不管别人怎么想，我不过是一个卑微的园丁，
而从来不是别的什么。"

"那你为什么要告诉我所有这些事情呢？"年轻人问道，
"你为什么给我这么多钱？你什么都不欠我的。要知道来见
你的可能是别的什么人。"

"但事情不是这样——没有其他人来。你的欲望驱使你
来见我。这正是你生命中所发生的。不是有句老话说，一
旦徒弟都准备好了，师傅就会出现吗？"

老富翁笑了，他那肃穆、令人敬而远之的表情消失了，他慈爱地看着年轻人说道：

"灵魂是永恒的。每一个灵魂从一个生命旅行到另一个生命，这些生命有许多同伴，它们相互帮助，来完成各自的天命。我们在一生中的遭遇，绝不是偶然的意外。"

老富翁朝他走去，像个帝王一般。他的脸熠熠生辉，就好像散发着光芒。他用右手食指轻轻地碰了碰年轻人的额头，说："去发现真正的你吧。真相将使你永获自由。"

外面，暴风雨来得快，去得也快，亮丽的太阳再次出现在天空。老人拿起那盏枝状大烛台，一言不发地走了。

年轻人发现自己独自一人，手里握着老富翁给他的那笔钱，各种各样的想法在脑海中翻腾……

15part

老富翁最后的赠予

信封是用呈玫瑰色的红蜡密封的。年轻人坐在床边，小心地把封口去掉。一股若有若无的玫瑰花香飘了出来。

　　年轻人并没有单独待很长时间，管家出现了，他手里拿着一个信封。他把信封递给年轻人，说："我的主人委托我把这个交给你。他说你应该单独一个人在房间里看信。你可以在这里再待一天，然后必须离去。这些是我主人的希望。"

　　年轻人谢过他，立即向自己的房间走去。不过这一次他学乖了，他警惕地让门微微地张开着……

　　信封是用呈玫瑰色的红蜡密封的。年轻人坐在床边，小心地把封口去掉。一股若有若无的玫瑰花香飘了出来。他拿出信，信竟然是老富翁的遗嘱。

　　这份不同寻常的遗嘱是手写的，文字饱满、庄重，似乎在呼吸，就仿佛它们都有生命。

可爱的年轻人：

　　"这是我最后的请求……我要把我图书馆里所有的藏书都留给你。有些人相信书籍毫无益处。他们相信他们自己可以重塑世界。由于他们没有从书中的知识获益过，所以，他们不幸重蹈了前人的覆辙。就这样，他们浪费了大量的金钱，虚掷了大把的时间。

　　但是，也不要掉进另一个陷阱：天真地相信书中所说的一切，让前人替你思考。我们应该只保留历经时间冲刷而不变的东西。

　　从我们第一次见面以来，我就试图把我在这漫长的一生中拾起的智慧珍珠赠送给你……在这封信里，你将会读到一些想法，它们代表我的精神遗产。我希望你竭尽所能，把它们传达给尽可能多的人。告诉人们我们相遇的经过以及你得到的秘密。然而，在这样做之前，你必须先作尝试。一个没有经过你自己的经验检验和证明的方法是毫无价值的。

　　在六年之内，你将会成为百万富翁。到那时你就不受任何束缚，可以采取你想要的步骤向人们分享这一遗产……

　　现在，我必须离开你了。我的玫瑰在等着我呢。

爱你的朋友：老园丁

年轻人心潮澎湃，不能自已。他静静地坐了一会儿。

他要感谢老富翁给了他如此珍贵的礼物。他迅速回到餐厅，但里面空无一人。他大声叫着管家，但没人应答。

他跑到花园，远远地发现老富翁躺在一条小路的中间，就在一株玫瑰花丛的下面。

"太古怪了，"年轻人想，"竟然睡在花园的中间。"而且，他走得越近，心中的疑惑就越多。

老人的双手交叠在胸前，手里有一枝孤零零的玫瑰。脸上是完全的平静。

他已经知道自己离开人世的确切时刻？抑或他选择了自己离世的时刻，只是想自己安静地离去？

这是老富翁带走的最后一个秘密。

年轻人感到，这也是自己该离开的时候了……他把手伸向玫瑰，但又缩了回来。这株玫瑰属于老富翁，那是他最后的伴侣。

年轻人没有流泪，他站在老富翁的遗体前郑重发誓，今生要尽自己最大的力量来传达老人的教诲。

然后，他转过身，沿着小路离开了……

老富翁的藏书被人送到了年轻人的住所。藏书太庞大了，把他的屋子塞得满满的，使剩下的空间没有多少，这让他进退两难：要么搬到其他地方，要么扔掉一些书。想起了老富翁的教诲，他选择了搬家，他这么做的时候心情轻松而愉快。

故事远没有结束

一切都被老富翁所言中了，年轻人在六年期限到来之前就赚到他的第一个百万美元。老富翁像一面魔镜，让年轻人从中窥到了未来有钱的自己。年轻人怀着感恩的心也履行了自己的诺言：专门抽出自己的时间，写下了他与快速致富者相遇的前前后后，以及老人传授给他的使他重获新生的生命哲学。

现在，这本书已到了你的手里，魔镜就在眼前，你看到未来有钱的自己了吗?

图书在版编目（CIP）数据

遇见未来有钱的自己/（英）费舍尔著；陈小白译.— 北京：华夏出版社, 2013.6

书名原文：The Instant Millionaire

ISBN 978-7-5080-7647-8

Ⅰ．①遇… Ⅱ.①费… ②陈… Ⅲ.①成功心理－通俗读物 Ⅳ.①B848.4-49

中国版本图书馆 CIP 数据核字（2013）第 117005 号

The Instant Millionaire: by Mark Fisher

© Mark Fisher 1989, reprinted yearly until 2011 .

First published by Golden Globe Publishing Represented by Cathy Miller Foreign Rights Agency,London, England.

Simplified Chinese translation edition, © Huaxia Publishing House 2014

All Rights Reserved.

遇见未来有钱的自己

作　　者	（英）马克·费舍尔	译　　者	陈小白
策划编辑	陈小兰	责任编辑	马 颖

出版发行 **华夏出版社**

经　　销 新华书店

印　　刷 三河市李旗庄少明印装厂

装　　订 三河市李旗庄少明印装厂

版　　次 2013 年 6 月北京第 1 版
　　　　 2013 年 6 月北京第 1 次印刷

开　　本 880×1230 1/32 开

印　　张 5.625

字　　数 70 千字

定　　价 29.80 元

华夏出版社 地址：北京市东直门外香河园北里 4 号 邮编：100028
网址：www.hxph.com.cn 电话：（010）64663331（转）

若发现本版图书有印装质量问题，请与我社营销中心联系调换。